요리에서 중요한
향과 식재료,
어떻게 조합해야 하나?

지은이_ Mana Ichimura

레시피_ Wataru Yokota

옮긴이_ 용동희

GREENCOOK

재료의 「향」을 알면, 맛있는 아이디어가 떠오른다!

「향」의 재미를 찾고 의문점을 풀어나가면서,
요리를 생각하는 여행을 떠나봅시다.

향은 도대체 어떻게 나는 것일까?
커피는 왜 그렇게 좋은 향이 날까?
어릴 때 좋아하지 않던 치즈기향을 왜 지금은 좋아할까?
「향」에 대해 자세히 알게 되면,
늘 보던 식재료나 레시피까지 왠지 다르게 보입니다.

「향」은 눈에 보이지 않고 손에 잡히지도 않는 것.
하지만 빠르게 깊은 인상을 남기고
몸 상태까지 바꾸는 힘이 있습니다.
또한, 입안의 향은 음식의 맛과 어우러져,
말할 수 없이 훌륭한 풍미를 느끼게 해주기도 합니다.

이 책에서는 5가지 주제를 통해,
「향」이라는 시각에서 요리와 그 배경에 있는 식문화를 배우고,
맛있는 요리로 연결되는 힌트를 소개합니다.
새로운 레시피의 아이디어, 조리방법의 연구,
식단 개선 등에도 틀림없이 도움이 될 것입니다.

Mana Ichimura

요리하는 공간에는 언제나 향이 가득하다

채소를 자를 때의 향, 고기를 굽는 향,
오븐에서 퍼지는 빵의 향 등,
다양한 향이 피어오릅니다.
그런 향들이 복잡하게 얽혀서 하나가 되는데,
그것도「요리 과정」의 하나입니다.

그러나「향이 맛과 직접적인 관계가 있다」라는 것을
의식하는 사람은 많지 않은 듯합니다.

우리는 알지 못하는 사이에
선조들에 의해 만들어진 향의 조합을 즐기고 있습니다.
그 요리와 향의 비밀스러운 관계를 풀어나가면
좀 더 제대로 즐길 수 있습니다.

먼저 재료의 향부터 맡아보세요.
그것이 매혹적인 세계로 들어가는 입구입니다.

Wataru Yokota

향과 식재료의 조합

이 책은 5개의 PART로 구성되어 있는데, 어디서부터 시작해도 재미있게 읽을 수 있다. 하지만 「향」에 대해 잘 알고 싶고, 맛있는 요리와 향의 관계에 대해 제대로 공부하고 싶다면, 〈PART 1 향이란 무엇인가〉부터 읽는 것이 가장 좋다. 그러면 단계적으로 〈PART 2 조리방법과 향〉, 〈PART 3 향을 추출하는 방법〉을 차례대로 읽어나갈 수 있다. 또한 〈PART 4 식문화로 살펴본 향의 역할〉과 〈PART 5 향을 이용하는 매니지먼트〉에서는 실전 요리부터, 더 나아가 역사와 현대사회로 시야를 넓힌다.

1
향이란 무엇인가
「향」에 대해 알아본다

맛을 구성하는 것은 미각만이 아니다. 요리에 활용하는 「향」에 대한 기초지식을 배운다.

5
향을 이용하는 매니지먼트
비지니스 속 「향」

기분이나 컨디션에까지 영향을 미치는 「향」. 새로운 레시피를 만들거나 매장 서비스를 개선할 때도 향에 대한 지식을 이용할 수 있다.

2
조리방법과 향
「향」의 변화를 파악한다

자르고 다지는 등의 밑손질과, 볶고, 훈연하는 등의 가열작업. 조리법에 따라 달라지는 「향」에 주목한다.

4
식문화로 살펴본 향의 역할
스토리로 느끼는 「향」

주방 밖에도 「향」을 살리기 위한 힌트는 많이 있다. 「향」과 관련된 음식의 역사와 문화로 시야를 넓혀본다.

3
향을 추출하는 방법
「향」을 옮기는 재료를 연구한다

식물성오일이나 술, 식초, 물. 그리고 소금과 설탕 등의 조미료. 친숙한 재료를 사용해서, 「향」을 살린 요리의 폭을 넓힌다.

CONTENTS

prologue   002
향과 식재료의 조합   004
이 책의 표기에 대하여   008
향이 있는 식재료를 다룰 때 안전을 위한 주의사항   009

1

향이란 무엇인가

「향」을 알다   012

좋은 향은 어디에 함유되어 있을까? / 눈에 보이지 않는 향의 정체는 무엇일까? / 「레몬향」은 무엇으로 이루어졌을까? / 요리를 살리는 「향분자의 성질」? / 음식의 향이 변하는 이유는 무엇일까? / 향분자를 분류해보자

후각 시스템과 풍미   022

향은 어떻게 느껴질까? / 향은 어떻게 구별할까? / 향은 맛과 관계가 있을까? / 왜 사람마다 느끼는 방식이 다를까?

2

조리방법과 향

준비 · 밑손질   030

「향을 살리는 요리」에서 준비·밑손질 과정의 주의사항은? / 「자르기·다지기」로 향이 달라질까? / 말리면 향이 변할까? / 「갈기」, 「으깨기」로 향이 변할까?

> 레시피   잿방어 레몬절임   034
>   초피잎 제노베제 소스를 올린 감자뇨키   038

가열조리   040

가열조리하면 향이 변할까? / 양파를 가열하여 향의 변화를 느껴보자 / 가열하면 왜 향이 생길까? / 원두와 호지차, 왜 좋은 향이 날까? / 훈연하면 왜 향이 달라질까?

> 레시피   캐러멜양파와 셰브르치즈로 만든 샐러드피자   044
>   어린 솔잎으로 훈연한 해산물 구이   048

3

향을 추출하는 방법

유지류✕향 052

향은 정말 오일에 잘 녹을까? / 올리브오일 자체에도 좋은 향이 있다? / 지방은 왜 맛있을까? / 식물성오일을 고를 때 체크포인트는? / 산화취가 잘 생기지 않는 식물성오일이 있을까? / 올리브오일을 사용해보자 / 아보카도오일 / 마카다미아오일 / 참기름 / 호박씨오일 / 동백오일을 사용해보자

> 레시피　양고기 로스트　058
> 　　　　새우튀김　062

술✕향 064

허브의 향과 기능성, 술에 녹일 수 있을까? / 사람이 술의 향을 즐기기 시작한 것은 언제부터일까? / 술에 들어 있는 「알코올」, 요리에 도움이 될까? / 술의 향은 어떻게 생길까? / 「증류」란? / 와인을 사용해보자 / 브랜디 / 위스키 / 일본 소주 / 진 / 보드카를 사용해보자

> 레시피　레드와인으로 마리네이드이드한 사슴고기 로스트　070
> 　　　　초여름 향의 칵테일 / 벚꽃과 아마자케 칵테일　074

식초✕향 076

식초에 향이 배어들까? / 식초는 언제부터 요리에 사용되었을까? / 와인비네거를 사용해보자 / 발사믹식초 / 각종 과일비네거 / 아카즈·구로즈 / 쌀식초를 사용해보자

> 레시피　작은 전갱이 에스카베슈　080
> 　　　　달래초 드레싱을 올린 비프샐러드　084

물✕향 086

홍차의 향, 뜨거운 물로 우려낼 수 있을까? / 방향증류수란? / 방향증류수① 로즈 워터는 요리에 사용할 수 있을까? / 방향증류수② 오렌지플라워 워터를 사용해보자 / 일식 「다시」의 향, 마음이 편안해지고 식욕이 생긴다 / 홍차와 센차는 왜 향이 다를까? / 중국의 꽃차를 사용해보자

> 레시피　오렌지플라워 워터를 넣은 아파레이유 프렌치 토스트　090
> 　　　　재스민향 바지락 현미 리소토　094

소금✕향 096

소금을 사용하면 식재료의 향이 달라질까? / 짠맛과 다른 맛은 서로 영향을 줄까? / 향으로 「저염」이 가능할까? / 「절임」의 향이 입맛을 돋운다 / 향소금을 사용해보자

> 레시피　크림치즈와 금화햄 카나페　102

감미료✕향 104

단맛을 강하게 만드는 향이 있을까? / 설탕에도 향이 있을까? / 설탕을 사용해보자 / 꿀향의 정체는? / 메이플시럽을 사용해보자

> 레시피　머스캣 설탕절임　108
> 　　　　생강메이플소스를 뿌린 돼지고기 소테　112

4

식문화로 살펴본
향의 역할

나무×향   116

나무향은 어떻게 이용되어 왔을까? / 삼나무판을 사용해보자 / 나무향을 살린 술이 있을까? /
와인「마개의 향」은 와인향과 관련이 있을까? / 구로모지(조장나무)는 어떤 나무일까?

레시피 연어 삼나무판 구이   118

역사×향   124

고대 그리스·로마 시대에도 향을 즐겼을까? / 역사 깊은 향신료, 후추를 사용해보자 / 아유르
베다의 향신료 활용법을 시험해보자 / 17, 18세기 유럽 요리의 향은 어떨까? / 일본의 계절
감과 풍미의 관계는? / 명절의 향을 사용해보자

레시피 블랙페퍼 로스트치킨   126
         미나리 & 감귤 디톡스 샐러드   132

언어×향   134

향을 언어로 표현하는 것은 어려운 일이다 / 플레이버 휠이란? / 때로는 침묵하고 풍미를 느
껴보자 / 로봇은 향을 느끼고 언어로 표현할 수 있을까? / 언어의 뉘앙스와 풍미의 관계는? /
부바와 키키의 이미지로 음식을 만들어보자

레시피 바닐라크림소스를 뿌린 바닷가재 포셰   141
         우설 타코   141

5

향을 이용하는
매니지먼트

마음을 움직이는 향, 요리에 필요한 지식   144

익숙해지면 왜 향을 느낄 수 없게 될까? / 농도 차이로 향의 이미지가 달라질까? / 향은 마음
에 어떤 영향을 미칠까? / 향과 오감의 관계는? / 향으로 아름다워질 수 있을까?

레시피 복숭아 콩포트와 장미 커스터드   150

브랜딩×향   152

향으로 브랜드 가치를 높여보자 / 향에 대한 지식을 레시피 창조에 활용하자 / 크리에이티
브한 레시피를 만들고 싶다면? / 아이디어 창출을 위한 크리에이티브 디스커션(creative
discussion) / 토론의 활용 예시   156

향이 있는 식재료 사전 · 162

[꽃] 제비꽃 / 벚꽃 / 인동 / 장미 / 캐모마일 / 목련 / 오렌지플라워 / 재스민 **[과일]** 오렌지 / 레몬 / 유자 / 불수감 / 금감 / 사과 / 모과 / 딸
기 / 파인애플 / 바나나 **[허브]** 세이지 / 타임 / 민트 / 레몬밤(멜리사) / 바질 / 오레가노 / 파슬리 / 타라곤(에스트라곤) / 딜 / 로즈메리
[향신료] 마늘 / 생강 / 카다몬 / 시나몬(계피) / 바닐라 / 스타 아니스(팔각, 대회향) / 정향 / 커민 / 고수 / 후추 / 카피르 라임 리프 / 주
니퍼베리 **[야생초]** 미나리 / 땅두릅 / 머위 / 파드득나물 / 양하 / 차즈기 / 초피 / 달래 / 쑥 / 크레송 / 약모밀 **[버섯]** 송이버섯 / 트러플

참고문헌 · 190

이 책의 표기에 대하여

향과 냄새

이 책에서는 사람이 후각을 통해 받는 정보를 주로 「향」이라는 단어로 표기하였다. 일반적으로 「향」은 긍정적인 의미를 가진 후각 자극을 가리키는 말이다(「방향(芳香)」이라는 단어도 「향」과 마찬가지로 긍정적인 의미로 사용되는 경우가 많다). 이 책에서는 요리할 때 도움이 되는 좋은 후각 자극에 대해 다루기 때문에, 주로 「향」이라는 단어를 사용하였다.

이에 반해 「냄새」는 현대사회에서는 긍정적인 의미로도 부정적인 의미로도 사용된다. 일본어로는 냄새를 「니오이」라고 하는데 긍정적인 의미일 때는 향내 내자를 써서 「匂い」, 부정적인 의미일 때는 냄새 취자를 써서 「臭い」라고 표기한다. 이 책에서는 예를 들어, 「생선 비린내」처럼 부정적인 냄새를 설명하는 부분에서는 「냄새(악취)」라고 표기하였다.

또한 이 책에서 사용한 「~ 같은 향」이라는 표현은 실물 그 자체는 아니지만 실물이 연상되는 향을 의미한다. 예를 들어, 「장미 같은 향」은 실제로 장미는 아니지만 장미가 연상되는 향을 표현한 것이다. 「~계열향」은 여러 가지 향을 대략적으로 분류하기 위해 사용하는 표현이다. 예를 들면 플로럴계열향, 약품계열향 등이 있다.

풍미

사람은 음식을 입안에서 맛볼 때 미각정보와 후각정보를 융합시켜서 맛을 느낀다. 이처럼 입안에서 생긴 후각정보(향)와 미각정보(맛)가 합쳐져 느껴지는 음식의 맛을, 이 책에서는 「풍미」라고 부른다.

예를 들어 「커피의 풍미」라고 하면 코끝으로 들이마신 커피향이 아니라, 커피를 입에 넣고 삼켰을 때 목에서 코로 올라오는 향과 쓴맛, 신맛이 어우러져 우리가 느끼는 맛을 가리킨다.

사전적 의미

· 향(香)

① 불에 태워서 냄새를 내는 물건. 주로 제사 때 쓴다.

② 향기를 피우는 노리개의 하나. 향료를 반죽하여 만드는 데 주로 여자들이 몸에 지니고 다녔다.

③ 꽃, 향, 향수 따위에서 나는 좋은 냄새.(= 향기)

· 냄새

① 코로 맡을 수 있는 온갖 기운.(≒ 내)

② 어떤 사물이나 분위기 따위에서 느껴지는 특이한 성질이나 낌새.

· 방향(芳香)

꽃다운 향기.

· 풍미(風味)

① 음식의 고상한 맛.

② 멋지고 아름다운 사람 됨됨이.

※ 참조_ 국립국어원 표준국어대사전

향이 있는 식재료를 다룰 때 안전을 위한 주의사항

이 책에서는 달래나 미나리 등 산이나 들에서 자생하는 야생초를 향이 있는 식재료로 소개하였다. 야생초 중에는 향이 좋으며 건강에 도움이 되는 성분을 함유하고 있어, 오래전부터 식용하고 있는 것이 많다. 이런 야생초를 채취할 때는 독초와 혼동하는 일이 없도록 주의해야 한다. 해마다 야생초 · 산나물 · 버섯 등을 채취할 때 실수로 독이 있는 것을 채취해 식중독으로 심각한 상태에 빠진 사람이 많다는 보고가 있다(식품의약품안전처 통계에 의하면 2010~2019년 독버섯, 복어 같은 동 · 식물이 지닌 자연독에 의한 식중독사고는 21건이 발생했고, 환자수는 135명이다). 야생초를 채취해서 활용할 때는 각별히 주의해야 한다.

독이 있는 야생초

식재료 야생초와 많이 닮은 독초도 있다. 야생초를 채취할 때는 독초와 혼동하지 않도록 주의해야 한다.

독이 있는 야생초	닮은 야생초
독미나리	미나리
동의나물	곰취
미국자리공	인삼, 더덕, 도라지
미치광이풀	참나물, 당개지치
박새	명이나물(산마늘)
삿갓나물	우산나물
수선화	부추, 달래, 양파
알로카시아	토란
여로	원추리
은방울 수선화	부추
천남성류	옥수수, 두릅
콜키쿰	명이나물(산마늘), 감자, 양파
털머위	머위
투구꽃	단풍취
흰독말풀	우엉, 오크라, 멜로키아(모로헤이야), 신선초, 참깨

독이 있는 관상용 식물

예쁜 꽃을 피우는 관상용 식물 중에도 독을 가진 것이 있다. 실수로 먹으면 위험하므로 아래의 식물은 꽃은 물론 잎이나 줄기도 요리 토핑 등으로 사용하지 않도록 주의한다.

가지복수초, 석산, 수국, 스위트피, 은방울꽃, 진달랫과 식물, 크리스마스로즈, 클레마티스, 협죽도

향이란 무엇인가

「향」을 알다

레몬을 슬라이스했을 때의 선명한 향, 민트티에서 피어오르는 상쾌한 향…….
향은 사람의 마음에 여러 가지 인상을 남기고, 기분과 식욕, 컨디션에도 영향을 준다. 눈에 보이지도 않고, 어느새 어디론가 사라져 버리는 향의 정체는 무엇일까? 또한 향의 차이는 어떻게 생기는 것일까?
여기서는 요리에 향을 활용하기 위해 필요한 기초지식에 대해 알아본다.

향의 정체를 알면,
향을 요리에 활용할 수 있는
아이디어가 샘솟아요!

실습테마

레몬향은 껍질에 있다

감귤류의 「향의 근원」을 찾아보자

준 비

무농약 레몬 1개
작은 칼

과 정

1 레몬 1개를 손으로 들어올린다.
코를 껍질에 대고 그대로 향을 맡는다.
그다지 강한 향은 나지 않는다.

2 다음은, 레몬 한가운데를 반으로 자른다.
1조각을 얇게 슬라이스한다.

3 과육에서 껍질(노란 껍질)을 벗겨낸다.

4 **3**에서 벗겨낸 껍질의 구조를 자세히 살펴본다.
표면 가까이에 작은 알갱이 모양의 주머니(유포)가 많이 있는 것을 알 수 있다.

5 티슈에 **3**의 껍질을 대고 누른다.
티슈에 묻은 액체의 향을 맡아본다.

껍질

결 과

레몬을 비롯해 오렌지, 자몽, 이요칸(일본의 감귤류 중 하나. 크고 단맛이 강하다) 등,
감귤류의 좋은 향은 껍질의 유포 속에 있는 액체에 함유되어 있다.

Q 좋은 향은 어디에 함유되어 있을까?

> **열매껍질, 꽃, 잎, 나무껍질, 비늘줄기 등
> 식물의 종류에 따라 다르다.**

레몬향의 근원은 껍질

p.13에서 체험한 레몬향을 예로 들어보자. 감귤류는 열매 가장 바깥쪽에 있는 껍질의 「유포(油胞)」라고 부르는 기관 속에 향분자가 모여 있다. 껍질을 손으로 벗겼을 때가 과육을 먹을 때보다 향이 더 강하게 느껴지는 것은 이 때문이다(과즙에도 향성분이 조금 함유되어 있지만 성분의 종류가 다르다).

향이 함유된 부위

장미나 재스민은 꽃 부위의 향이 매우 강하다. 좋은 향으로 벌레들을 끌어들여 꽃가루받이에 도움을 받기 위해, 꽃 부위에 이런 달콤한 향이 모여 있는 것이다. 따라서 꽃에서 향료를 채취하는 생산자는 향이 날아가지 않은 이른 아침에, 잎이나 가지를 피해 조심스럽게 꽃을 따야 한다.

나무껍질에 향이 함유된 예로는 시나몬이 있다. 녹나무과의 늘푸른나무인 육계나무의 껍질을 얇게 벗겨 말려서 사용하는데, 가루로 만든 것은 도넛이나 애플파이의 풍미를 돋우는 데 사용하기도 한다. 마늘의 경우 땅밑에 있는 「비늘줄기(구근)」 부위를 사용한다. 한편, 여러 부위를 요리에 사용하는 식물도 있다. 각 부위마다 조금씩 다른 향을 갖고 있어 각각의 향을 즐길 수 있다. 초피나무는 운향과 식물인데, 봄에는 나무의 싹(잎)과 꽃, 초여름에는 덜 익은 열매 등 다른 부위를 사용한다. 가을이 되어 열매가 잘 익어서 벌어지면 껍질과 속에 있는 검은색 씨앗으로 나뉘는데, 껍질은 말려서 초피가루로 가공한다. 같은 식물에서 채취하였음에도 불구하고 향과 식감이 달라, 각각 특징에 맞게 요리에 사용한다.

향이 이용되는 부위에 따른 분류

꽃	장미, 재스민, 오렌지꽃, 캐모마일
열매껍질	레몬, 스위트오렌지, 자몽, 만다린, 유자, 라임, 불수감, 핫사쿠, 초피
잎	유칼립투스, 소나무, 삼나무, 초피
뿌리줄기	생강, 터메릭
목질부	시나몬(나무껍질), 백단나무, 연필향나무
꽃봉오리	정향
씨	넛메그, 커민, 아니스
전체	라벤더(일반적으로는 꽃), 제라늄, 타임, 페퍼민트, 마조람, 바질, 레몬그라스

향분자가 많이 함유된 부위는 식물에 따라 다르다.

Q 눈에 보이지 않는 향의 정체는 무엇일까?

> 향은 어떤 범위 안에 있는
> 화학물질에 의한 것이다.

향의 정체는 화학물질

사람에게 향을 느끼게 하는 화학물질(이 책에서는 「향분자」라고 부른다)의 종류는 대략 수십만 종이나 되는 것으로 추측한다. 식품에 함유된 향분자에는 「탄소(C)」를 골격으로 한 저분자 유기화합물(Organic compound)이 많으며, 탄소 외에 수소(H)·산소(O)·질소(N)와 황(S)에 의해 여러 종류의 「향분자」가 구성된다.

향을 느끼게 하는 조건

이런 화학물질이 사람에게 「향」을 느끼게 하기 위해서는, 공기 중을 떠돌아 사람의 콧속까지 도달해야 한다. 그래서 화학물질 중에서도 휘발성(상온에서 액체가 기체로 변하며 분자가 날아 흩어지는 성질)이 있는 것으로, 대략 탄소수 20, 분자량 350 이하 정도까지의 분자가 「향분자」로 작용한다. 「향분자」가 공기 중을 떠돌다가 우리 콧속으로 들어옴으로써 향 체험이 시작된다.

고대 그리스의 향을 연구한 학자들

눈에 보이지 않고 붙잡을 수도 없는 「향의 정체」에 대해 연구하고 분류하려는 시도는 고대 그리스 시대에도 이미 이루어지고 있었다.

철학자 플라톤은 「냄새는 그에 대응하는 이름이 없다. 냄새의 종류는 많지 않지만 그렇다고 단순 명쾌하지도 않아서, 그저 불쾌한 냄새(악취)인지 기분 좋은 냄새인지에 의해서만 이분화된다」라고 말했다. 또한 그의 제자였던 철학자 아리스토텔레스는 후각이 시각·청각(외부로부터의 비접촉 자극에 의한 감각)과 미각·촉각(접촉에 의한 내적인 감각) 사이에 있기 때문에 분석하기 어려운 감각이라고 말했다. 두 사람의 이런 말은 향의 한 측면에 대해서는 잘 설명했지만, 후각에 정보를 전달하는 근원이 무엇인지에 대해서는 제시하지 못했다.

그러던 중 고대 로마의 철학자 루크레티우스가 「향의 차이는 분자의 모양과 크기에 따라 결정된다」라고 설명했다. 그의 통찰은 현재의 향을 파악하는 방식에 가깝다고 할 수 있다. 지금은 분자의 크기와 모양, 작용기(→ p.20 참조)의 차이에 의해 향의 질에 차이가 생긴다고 알려져 있다.

> 아주 옛날부터 향은
> 「수수께끼」였군요.

향의 정체를 연구하고 분류하려는 시도는 고대 그리스 시대에도 있었으며, 플라톤을 비롯해 여러 철학자들이 학설을 남겼다.

Q 「레몬향」은 무엇으로 이루어졌을까?

**레몬에 함유된 향분자는 180종 이상,
여러 가지 분자들의 혼합체이다.**

많은 향분자의 혼합

하나의 식품에서 느껴지는 향도, 같은 종류의 향분자로만 이루어진 것이 아니라 많은 종류의 분자가 섞여 있는 것이다.

예를 들어 산뜻한 레몬향의 경우, 특징적인 성분으로 시트랄(Citral, 알데하이드), 게라닐 아세테이트(Geranyl Acetate, 에스테르), 네롤(Nerol, 알코올)이나 게라니올(Geraniol, 알코올), 리모넨(Limonene, 탄화수소) 등이 함유되어 있다.

양과 강도는 비례하지 않는다

향분자가 많을수록 향이 강하다고는 할 수 없다. 리모넨은 함유된 양의 비율은 높지만 강하게 느껴지지 않는다. 반대로 비율이 낮아도 전체적인 향에 큰 영향을 주는 향분자 종류도 있다. 종류마다 「역치」가 다르기 때문이다(역치는 사람이 향을 느끼는 데 필요한 최소한의 자극의 세기를 나타내는 수치. → p.29 참조).

셀러리향이나 시나몬향, 송이버섯향 등 식물에서 느껴지는 향은 모두 여러 가지 향분자의 혼합체이다.

같은 향분자를 가진 식물도 있다

다른 식물이지만 같은 종류의 향분자가 발견되는 경우도 있다. 예를 들어 허브차로 즐기는 꿀풀과의 레몬밤, 벼과의 레몬그라스, 마편초과의 레몬버베나 등이 그렇다.

이 허브들은 감귤류와는 거리가 먼 종류이지만 레몬과 비슷한 향이 있어서, 이름에 「레몬」이 붙는다.

그 이유는 잎에 레몬껍질의 특징적인 향성분인 「시트랄」을 많이 함유하고 있기 때문이다. 「레몬보다도 레몬다운 향」을 가진 허브라고 할 수 있다.

가공으로 생기는 향

식물 자체의 향에 가공과정에서 새로운 향이 더해지는 식품도 있다.

바로 커피와 와인이다. 각각 800종 이상의 향성분이 확인된 식품으로, 복잡한 향이 매력이다. 커피와 와인을 제조할 때는 로스팅, 발효, 숙성 등의 과정을 거쳐야 하는데, 이런 과정 중에 원료에는 없는 종류의 향분자가 생기면서 복잡한 향이 완성된다.

> **향과 명언**
>
> 한 가지 향이란 있을 수 없다.
> 하나의 꽃향기라 해도,
> 그것은 여러 종류의 향이 조합되어
> 훌륭한 하나의 향주머니를
> 채우는 것이다.
>
> 「향 사냥꾼[香ひの狩猟者]」 기타하라 하쿠슈

기타하라 하쿠슈는 메이지~쇼와 시대의 시인이자 가인이다. 꽃의 좋은 향도 여러 가지 분자의 혼합체라는 것을 직감적으로 간파하고 있다. 식물은 위대한 조향사이다.

Q 요리를 살리는 「향분자의 성질」?

먼저 4가지 성질에 대해 자세히 알아보자.

향의 정체가 화학물질(향분자)이라는 것을 알았으니, 요리에 활용할 수 있는 향분자의 성질에 대해 알아보자. 실체를 파악하기 힘들고 바로 사라져버리는 「향」도, 성질을 알면 잘 다룰 수 있다.

여기서는 4가지 성질을 중점적으로 알아본다.

① 휘발성이다

사람이 향을 느끼려면 향분자가 공기 중에 떠다니다 사람의 콧속으로 들어와야 한다. 즉, 분자가 「향」을 내기 위해서는 상온에서 기체가 되는 성질(=휘발성)을 갖고 있어야 한다. 상온에서도 기화하는 물질이기 때문에, 가열하면 기화가 더욱 촉진된다. 이런 성질을 알면 갓 만든 따뜻한 요리가 맛있는 이유를 이해할 수 있다. 향분자가 열에 의해 단숨에 퍼지기 때문에, 요리의 향과 풍미를 충분히 즐길 수 있는 것이다. 그러나 반대로 이런 성질은 시간이 지나면서 맛이 떨어지는 원인이 되기도 한다. 향분자가 날아가 버리면 맛은 더 이상 돌아오지 않는다(물론 온도 저하와 수분 감소로 인한 식감의 변화도 맛이 떨어지는 이유이다).

상온에서도 향분자는 서서히 휘발되기 때문에, 향신료나 찻잎 등도 반드시 밀폐상태로 보관해야 한다.

② 친유성인 경우가 많다

식재료의 향분자를 살펴보면, 대부분이 친유성(소수성)으로 식물성이나 동물성 유지류에 잘 녹는다.

재스민꽃에서 향료를 채취하는 예를 살펴보자. 예전에는 재스민꽃에서 향료를 채취하기 위해 쇠기름과 돼지기름 등의 동물성오일을 사용했다. 유리판에 동물성오일을 얇게 바른 뒤 그 위에 꽃을 올려놓고 잠시 두었다가 향이 배어나올 때쯤 꽃을 제거하고 다시 새로운 꽃을 올리는, 단순한 수작업을 반복해 귀중한 향료를 얻는 방법이다. 향분자의 친유성 성질을 잘 살린 추출법이라고 할 수 있다.

식물성오일에 허브나 향신료를 넣고 향분자를 녹여내서 식용이나 약용으로 사용하는 지혜도, 오래전부터 세계 각지에서 전해오고 있다.

향분자는 친수성인 것도 있지만 대부분 친유성이다.

③ 화학변화를 한다

향분자는 환경에 따라 변화할 가능성이 있다. 산소가 있으면 산화해서 다른 물질로 변할 수 있고, 가까이 있는 다른 물질과 반응할 수도 있다. 상온에서는 반응하지 않아도 가열에 의해 반응하는 경우도 있다.

음식이나 요리의 향은 시시각각 달라진다. 식품을 보관하거나 조리할 때는 향의 변화를 억제하고 싶은 것인지, 반대로 변화를 촉진시키고 싶은 것인지, 화학변화를 고려할 필요가 있다.(→ p.18 참조)

④ 인화성을 주의한다

『Citrus : A history(Pierre Laszlo)』에는 저자가 어린 시절 겪었던 크리스마스 에피소드가 실려 있다.

저녁식사 뒤 크리스마스트리에 걸어놓은 오렌지를 마음껏 먹어도 된다고 부모에게 허락받은 형제는, 오렌지껍질로 장난을 치고 있었다. 「촛불을 향해 오렌지껍질을 눌러서 즙을 날리는 놀이는 재미있었어요. 껍질 속에 들어있는 휘발성오일에 불이 붙으면, 불길이 치솟으면서 순간적으로 작은 폭발이 일어나는 것을 볼 수 있거든요.」

저자는 이 추억을 「화학자가 될 나의 미래를 짐작할 수 있는 사건이었습니다」라고 그리운 듯이 글을 맺었지만, 이 예에서 알 수 있듯이 식물에서 추출한 향물질에는 인화성 물질도 많기 때문에 불 옆에서 사용할 때는 주의해야 한다.

Q 음식의 향이 변하는 이유는 무엇일까?

> **눈에는 보이지 않지만,
> 「향분자」는 움직이거나 변화한다.**

아무것도 손대지 않았는데 시간이 지나면서 음식의 향이 달라져 놀라게 되는 일이 있다. 이것은 「향분자」에 몇 가지 변화가 일어났기 때문이다.
① 향분자의 휘발, ② 성분 사이의 화학반응, ③ 지질의 산화 등.
이러한 변화는 음식의 맛을 손상시키거나, 또는 반대로 음식을 맛있게 만들어주기도 한다.
좀 더 자세히 알아보자.

향이 나빠지는 예

로스팅한 원두를 예로 들 수 있다.
「원두를 페이퍼 드립용으로 갈아서 그날 사용하지 않은 것은 봉투에 담아 보관했는데, 그 다음주에 커피를 내렸더니 맛이 좋지 않았다」라는 경우이다. 여기에는 향의 변화를 일으키는 3가지 요인이 얽혀 있다. ①~③을 자세히 살펴보자.

① 향분자의 휘발

커피의 특징인 좋은 향을 느끼게 하는 향분자가 공기 중으로 휘발되면서 사라졌다. 향분자가 휘발성이기 때문이다. 또한 가루로 만들면 더 휘발되기 쉽다. 밀폐용기에 넣어두었다면 휘발을 어느 정도 막을 수 있었을지도 모른다.

② 성분 사이의 화학반응

식품에 원래 함유된 성분끼리 반응하여 처음에는 없던 불쾌한 향분자가 생성되었다. 이처럼 사람이 손을 대지 않아도 새로운 향분자(이 경우에는 악취)가 만들어질 수 있다.

COLUMN

캐모마일티는 건강증진 효능이 있다

주로 지중해 원산으로, 향이 있고 사람의 생활에 도움이 되는 식물을 허브(Herb)라고 부른다. 이런 식물 중에 사람의 몸과 마음의 건강에 도움이 되는 허브가 있다는 것은, 오래전부터 경험적으로 알려져 있다. 또한 현대의 여러 연구를 통해 이런 효능이 명백히 밝혀진 것도 있다.
예를 들어, 유럽을 중심으로 사랑을 받아온 허브인 캐모마일을 우려낸 티에는 진정작용이 있다고 알려져 있다. 세계적으로 사랑받는 영국의 그림책 『피터래빗 이야기(The Tale of Peter Rabbit)』에도 엄마 토끼가 몸이 아픈 아기 토끼에게 캐모마일티를 먹이는 장면이 나온다.
이러한 캐모마일티의 효능은 실험을 통해 증명되었다. 그냥 끓인 물을 마신 경우와 비교했을 때, 캐모마일티를 마시면 신체 말초의 피부온도가 올라가고 심박수가 낮아지며 부교감 신경이 활성화하는 것으로 나타났다. 캐모마일티를 마시면 편안한 상태가 되어 마음이 안정되는 것을 확실히 알 수 있다. 피터래빗의 엄마 토끼는 분명 이런 캐모마일의 효능을 알고 있었을 것이다.

③ 성분(지질 등)의 산화

식재료가 원래 갖고 있던 성분이 공기 중에서 산화하여 불쾌한 향분자가 증가했다. 특히 지질이 산화하면 향이 나빠진다. 이 경우에도 공기와 닿지 않게 하면 산화를 어느 정도 막을 수 있다.

어쨌든 갈아놓은 원두로 좋은 향이 나는 맛있는 커피를 내리는 것은 시간과의 싸움이다. 밀폐용기에 보관하고, 일단 갈았으면 되도록 빨리 사용하는 것이 좋다.

향이 좋아지는 예

그렇지만 시간의 경과가 반드시 향이 나빠지게 한다고는 할 수 없다. 원두의 예는 ①~③의 모든 변화가 부정적인 결과로 이어졌지만, 반대로 모두 긍정적인 결과로 이어지는 경우도 있다.

예를 들면 생허브의 향이 지나치게 강하게 느껴지는 경우이다. 허브를 말려서 ①의 향분자 휘발이 일어나면, 향이 부드러워지고 요리에 어울리는 느낌으로 바뀌기도 한다. 또한 허브를 말리면 향이 약해질 뿐 아니라, 함유된 향분자의 밸런스도 달라진다. 이런 점을 요리에 활용하는 방법도 있다(→ p.36 참조).

게다가 ②, ③과 같은 새로운 향분자의 생성이, 품질 향상을 위해 권장되는 식품도 있다.

예를 들어 소고기의 경우, 일정 시간 동안 저장함으로써 생고기에 원래 함유되어 있는 효소의 작용으로 단백질이 분해되어 아미노산으로 변하면, 감칠맛이 증가한다는 사실은 잘 알려져 있다. 하지만 변하는 것은 맛뿐만이 아니다.

산소가 있는 환경에 일정 시간 고기를 두면 달콤한 우유향을 닮은 「숙성향」이 생긴다는 보고가 있는데, 이런 변화는 가열조리한 고기요리의 향과 풍미에도 영향을 미친다.

이런 경우 변화는 「숙성」이라는 이름으로 중요시되며, 시간의 경과에 따른 변화가 긍정적인 결과로 이어졌다고 할 수 있다.

향은 시시각각 변하는군요.

향분자를 분류해보자

> **향분자의 분류에서는**
> **「골격」과 「작용기」가 중요 포인트.**

음식에 함유된 「향분자」는 종류가 매우 많아서, 익숙하지 않은 이름이나 특징을 하나하나 기억하기는 힘들다. 그럴 때는 이 향분자를 몇 개의 그룹으로 분류하면 파악하기 쉽다.

향분자는 대부분 탄소(C)를 골격으로, 수소(H), 산소(O), 질소(N) 등을 함유하는 저분자 유기화합물이다. 분류의 포인트는 2가지.

「분자 골격에 의한 분류」와 「작용기에 의한 분류」이다. 각 그룹에 속한 향의 경향은 어느 정도 파악되어 있어서, 각각의 향분자의 작용이나 특징을 이해하는 기준이 된다.

하지만 분자구조와 사람이 느끼는 향 이미지와의 관계에 대해서는 아직 확실하지 않은 것이 많다. 1대1의 명확한 규칙성, 필연성은 나타나지 않는다.

분자 「골격」에 의한 분류

향분자인 유기화합물의 분류 포인트 중 하나는 분자 골격(큰 틀의 구조)의 차이다. 구조는 방향족화합물과 지방족화합물 2가지로 분류할 수 있다. 방향족화합물은 벤젠고리(탄소원자 6개와 수소원자 6개로 이루어진 6각형 고리)를 분자 내에 갖고 있다. 분자량이 300 이하인 방향족화합물은 대부분 그 이름처럼 달콤한 향을 가진다.

벤젠고리가 없는 「지방족화합물」은 사슬모양인 것도 있고 고리모양인 것도 있다.

「작용기」에 의한 분류

「작용기」란 특징적인 원자단(분자 내의 한 부분으로, 하나의 화학단위를 만드는 여러 원자의 집단)을 말한다. 분자의 전체적인 모양을 골격이라고 한다면, 작용기는 골격에 붙어 있는 부분의 모양이라고 생각하면 이해하기 쉽다. 전체 골격이 비슷한 모양이어도 골격에 붙어 있는 부분의 모양이 다르면, 향과 작용이 크게 달라진다. 이러한 작용기의 차이로 향분자를 분류한다.

예를 들어, 작용기 중 하나인 「하이드록시기」($-OH$)가 붙어 있는 지방족화합물은 「알코올」로 분류된다. 허브나 꽃에 함유된 많은 향분자들이 이 그룹에 속한다.

또한 「알데하이드기」($-CHO$)가 붙어 있는 지방족화합물은 「알데하이드」로 분류되는데, 이는 일부 알코올류가 산화했을 때 생긴다. 알코올류가 상쾌한 향이나 꽃 같은 향을 내는 것이 많은데 비해, 알데하이드류는 자극적이고 강한 향을 내는 경향이 있다. 알데하이드가 더 산화하면 「카복시기」($-COOH$)가 붙어 있는 카복실산이 된다. 아세트산 등 카복실산의 향은 일반적으로 식초 같은 향이 난다.

또한 알코올의 작용기로 소개한 「하이드록시기」가 붙어 있는 방향족화합물은 「페놀」이라는 그룹에 속한다. 페놀류의 약품계열향은 식품에 독특한 풍미를 만들며, 로스팅한 커피나 위스키에 함유된 특유의 스모키한 향에도 함유되어 있다.

식품의 향을 설명할 때 「에스테르 같은 향」이라는 표현을 볼 수 있다. 에스테르로 분류되는 것에는 이른바 과일계열향이 많다. 예를 들어 「아세트산에틸」은 파인애플 같은 향이며, 「아세트산 이소아밀」은 바나나 같은 향이다.

이처럼 여러 종류가 존재하는 향분자도 그룹으로 분류할 수 있다는 사실을 이해하면, 눈에 보이지 않는 향의 정체를 좀 더 쉽게 파악할 수 있다.

식품에 함유된 향분자의 분류

분류		식품에 함유된 향분자의 예
탄화수소 작용기 : 없음	모노테르펜	• 리모넨(신선한 감귤류계열향) : 대부분의 감귤류 껍질과 꽃 등 • 미르센(스파이시한 수지 같은 향) : 주니퍼베리, 로즈메리, 편백나무 등 • α-피넨(소나무 등의 나무 같은 향) : 소나무나 침엽수 등
	세스퀴테르펜	• 파르네센(그린향) : 사과껍질 등
알코올 작용기 : 하이드록시기	모노테르펜	• 리날로올(부드러운 플로럴계열향) : 라벤더, 오렌지꽃, 베르가모트, 머스캣, 홍차 등 • 게라니올(달콤한 장미 같은 향) : 장미나 제라늄 등 • 멘톨(청량한 민트향) : 민트 등
	세스퀴테르펜	• 네롤리돌(차분한 플로럴계열향)
	디테르펜	• 스클라레올(달콤한 발삼향) : 클레어리 세이지
알데하이드 작용기 : 알데하이드기	테르펜알데하이드	• 시트로넬랄(달콤한 그린향) : 시트로넬라
	지방족알데하이드	• 옥탄알(신선한 오렌지 같은 향) : 대부분의 감귤류 껍질 등 • 헥산알(녹색잎 같은 그린향) : 나무의 잎이나 채소 등
	방향족알데하이드	• 바닐린(차분하고 진하며 달콤한 향) : 바닐라향 아와모리(일본 오키나와의 술) 등 • 벤즈알데하이드(달콤하고 부드러운 향) : 아몬드나 살구 등
카복실산 작용기 : 카복시기		• 아세트산(자극적인 향) : 식초나 주류 등 • 뷰티르산(단독으로는 산패취·불쾌취) : 유제품 등
케톤 작용기 : 케톤기		• 누카톤(자몽 특유의 감귤계열향) : 자몽
페놀류 작용기 : 하이드록시기		• 티몰(약품계열의 스파이시한 향) : 타임 등 • 유제놀(스파이시하고 달콤한 향) : 정향 등 • 구아야콜(약품계열의 스모키한 향) : 스카치 위스키 등
에스테르 작용기 : 에스테르기		• 아세트산 아이소아밀(달콤한 바나나 같은 향) : 바나나, 사과, 포도 등 • 아세트산리날릴(부드러운 플로럴계열향) : 라벤더, 베르가모트, 홍차 등 • 아세트산에틸(강한 과일계열향) : 파인애플 등

식품에 함유된 향분자에는 수많은 종류가 있는데, 분자의 형태에 따라 그룹
으로 나누면 각 향의 경향을 파악할 수 있다.

「테르펜」이란?

분자의 골격(큰 틀의 구조)에 대해 앞에서 설명했는데, 지방족화합
물 중에서도 허브나 꽃에 함유된 향분자 중에는 「테르펜」으로 분류
되는 것이 많다. 테르펜이란 「이소프렌」이라는 이름의, 탄소 5개를
포함한 단위가 연결된 것이다. 「모노테르펜」 종류는 이소프렌이 2
개, 「세스퀴테르펜」 종류는 3개, 「디테르펜」 종류는 4개가 연결된
것이며, 각각의 그룹이 다른 작용을 한다. 위의 표에서는 지방족화
합물인 알코올이나 탄화수소에 속하는 향분자를 이러한 그룹으로
분류해서 정리하였다.

다양한 향분자도
그룹으로 분류할 수 있어요.

1 향이란 무엇인가

후각 시스템과 풍미

향을 느낄 때 사람의 몸에서는 어떤 일이 일어나는 걸까. 최근 후각에 대한 연구가
눈부시게 발전하면서, 사람의 「향 체험」에 대한 수수께끼가 조금씩 풀리고 있다.
또한 후각은 사람이 음식의 「풍미」를 느끼기 위해 반드시 필요한 감각이기도 하다.
입안에 넣은 음식의 향은 어떻게 해서 맛과 융합될까?
여기서는 후각 시스템과 풍미에 대해 알아본다.

사실,
후각이 맛을 좌우합니다.

실습테마

풍미는 후각이 만든다

향의 중요성을 체험해보자

준 비

좋아하는 초콜릿 1종류 4조각 이상

과 정

1 먼저 초콜릿 1조각을 입에 넣는다.
천천히 녹이면서 맛을 느낀다.
여느 때처럼 맛이 느껴진다.

2 아무것도 섞지 않고 끓인 물로 입안을 헹군 뒤 코를 막은 상태에서,
2번째 초콜릿 조각을 입에 넣는다.
호흡은 입으로 하고, 천천히 녹이면서 맛을 느낀다.
달다는 것은 느껴지지만, 맛을 느낄 수 있을까?

3 3번째 초콜릿 조각을 입에 넣는다.
코를 막지 않고 여느 때처럼 코로 호흡을 하면서 맛을 느낀다.

결 과

우리가 맛있는 「맛」이라고 생각했던 것은, 사실은 후각(향)과 미각(맛)이 융합해서 느껴지는
「풍미」라는 것을 알 수 있다. 풍미에 대해서는 p.26에서 자세히 알아본다.

Q 향은 어떻게 느껴질까?

> **코 안쪽에 있는 「후상피」에 도달한
> 향분자의 정보가 뇌로 전달된다.**

앞에서는 사람에게 향을 체험하게 해주는 「향분자」에 대해 이야기했다. 그렇다면 향분자는 어떻게 포획되어 정보로서 뇌에 전달될까? 또한 우리는 어떻게 향에 대한 이미지를 만들어낼까? 여기서는 후각 시스템을 조금 더 자세히 살펴보자.

후각의 정보전달 시스템

공기 중을 떠다니는 분자가 사람의 콧속으로 들어가면 「후상피」에 닿는다. 후상피는 콧구멍 안쪽, 비강 윗부분에 위치한다.

후상피의 표면은 점액으로 덮여 있는데, 향분자는 그 점액에 녹아든다.

후상피에는 「후세포」가 가득차 있으며, 후세포에서 나온 섬모에는 「후각수용체」가 분포한다. 1개의 후세포는 1종류의 후각수용체만 담당한다. 사람의 후각수용체는 약 400종류가 작동하는 것으로 알려져 있는데, 1개의 후세포는 그중 1종류만 발현시키는 것이다. 후각수용체 중 향분자와 결합한 것이 있으면, 그 정

보가 후세포에서 전기신호로 변환되어 뇌의 영역인 후구로 정보를 전달한다. 후구에서는 수용체 종류별로 사구체에 모아서 정리한 뒤 후피질로 전달한다.

후피질에 도달한 향에 대한 정보는 몇몇 경로를 통해 뇌의 각 부위에 전달된다. 향을 인지하는 안와전두피질 외에 좋고 싫음에 대한 반응이나 희로애락, 공포감 등의 감정을 관장하는 편도체, 기억을 관장하는 해마로 전해지는 것이다.

사람에게 있어서 후각의 역할은?

사람에게 있어서 후각의 역할은 어떤 것일까.

후각은 공기 중에 있는 향분자를 포획해 그 정보를 뇌에 전달한다. 아마 오래전부터 눈에 보이지 않는 천적의 존재나, 멀리서 발생한 화재 등의 위험을 감지했을 것으로 짐작된다. 또한 생식행동이나 육아과정에서도 후각으로 얻는 정보는 매우 중요하다.

사람의 일생에서 후각의 중요한 역할은 음식을 탐색하는 것이다. 충분히 익은 과일인지, 썩지 않고 먹을 수 있는 상태인지 등과 같이 안전하고 가치 있는 음식을 판단하는 기준도 후각에 의존하고 있다. 물론 좋은 풍미를 즐기는 것도 사람에게 있어서 변함없이 큰 가치이다.

후각기관의 구조

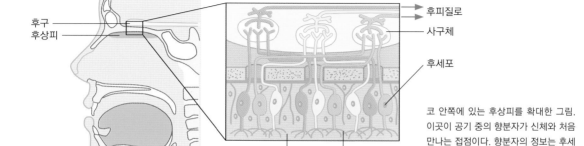

후구
후상피

후피질로
사구체
후세포

점액   후섬모

코 안쪽에 있는 후상피를 확대한 그림. 이곳이 공기 중의 향분자가 신체와 처음 만나는 접점이다. 향분자의 정보는 후세포에서 전기신호로 변환되어 뇌의 영역으로 전달된다.

Q 향은 어떻게 구별할까?

후각수용체의 수는 약 400종. 작동하는
수용체의 「조합」으로 향을 구별한다.

후각수용체의 수는 약 400종

수십만 종이나 있는 것으로 추측되는 향분자를 사람
은 어떻게 구별할까? 이것은 연구자에게도 오랫동안
어려운 문제였다. 사람의 코에서 작동하는 후각수용
체는 400종 정도인데, 1종류의 향분자에 1종류의 수
용체가 대응한다고 가정하면, 우리는 400종 이상의
향은 구분할 수 없게 된다. 그렇다면 외부에서 들어
오는 다양한 향분자에 대한 정보는 어떻게 뇌로 전달
되는 것일까?

「조합」에 의해 정보를 전달

현재는 적합한 수용체와 향분자의 관계가 1대1이 아
닌 다대다의 대응이라고 알려져 있다. 즉, 1종류의 수
용체가 분자구조가 비슷한 복수의 향분자와 결합하
고, 또한 1종류의 향분자가 복수의 수용체와 결합하
는 시스템이다.

예를 들어, 만약 A라는 분자가 들어왔을 때 A분자가
결합한 수용체는 어떤 수용체들인지, 결합한 수용체
의 「조합」 정보가 뇌로 전달됨으로써 다른 분자와 구
별되는 것이다. 확실히 「조합」이라면, 400종의 수용
체로도 충분히 많은 종류의 향을 구별할 수 있다.

단, 우리가 요리를 앞에 두었을 때 얻는 전체적인 향
에 대한 이미지에는, 좀 더 복잡한 후각의 정보처리
가 관련되어 있다. 마무리로 아주 조금 첨가한 허브

의 향이 요리 전체의 풍미를 좋게 만들어줄 수도 있
고 망쳐버릴 수도 있다. 또는 독특한 풍미의 치즈를
특정 와인과 함께 마시면 왠지 맛있게 느껴지는 등
신기한 페어링을 체험하는 경우도 있다.

향의 「상호작용」은 사실 향이 전달되는 다양한 단계
에서 일어나고 있다. 향 밸런스의 어려움과 재미는,
후각 연구에서 밝혀진 것처럼 그렇게 단순한 덧셈이
아니라는 데 있다.

앞으로 상호관계에 대한 연구가 좀 더 진행되면, 구
체적으로 요리 레시피 개발 등에 도움이 되는 지식도
많아질 것이다.

개인의 기억과 향

뇌로 전달된 향의 정보는 또한 개인의 기억과 경험에
서 오는 주관이나 가치관의 영향을 받는다. 일상생활
에서 느끼는 음식 등의 향은 많은 향분자의 혼합물이
지만, 우리는 그것을 따로따로 느끼는 것이 아니라
전체적인 이미지로 그 향을 경험한다.

예를 들어, 에틸 아이소뷰티레이트(Ethyl isobutyrate,
과일계열향)와 에틸 말톨(Ethyl maltol, 캐러멜 같은
향), 알릴-α-이오논(제비꽃 같은 향)을 특정 비율로
섞었다고 하자. 우리는 이러한 향을 각각 따로 느끼
는 것이 아니라, 하나의 「파인애플향」으로 느낀다.

물론 이것은 과거의 경험에서 파인애플향을 맡았던
기억과 결부시켜 느끼는 방식이다(→ p.28 참조).

다양한 향을 다루고 거기에서 단순한 부분의 총합이
아닌, 「새로운 향·풍미」를 만든다는 의미에서, 요리
사는 향수를 만드는 조향사를 닮았다.

Q 향은 맛과 관계가 있을까?

> 맛있는 풍미는 미각과 후각의
> 컬래버레이션으로 만들어진다.

코를 막으면 알 수 있는 사실

코를 막고 초콜릿을 먹는 체험실습 ②(→ p.23 참조)을 통해, 우리는 맛을 느끼는 데 향을 빼놓을 수 없다는 사실을 직접 체험했다.

후각은 외부에서 들어오는 「향」을 인식할 뿐 아니라, 실제로는 몸 안쪽의 입안이나 목으로 넘기는 음식의 「향」도 느낀다.

그리고 뇌는 후각으로 인식한, 입안이나 목으로 넘긴 음식의 「향」과 미각으로 받아들인 「맛」 등의 정보를 융합하여 느낀다. 일반적으로 우리가 「풍미」라고 부르는 것은 이런 미각과 후각이 섞여서 느껴지는 맛이다. 그렇지만 코를 막고 음식을 먹어보지 않으면 「향」이 맛의 일부라는 사실을 평소에는 느끼기 힘들다.

이제, 이런 「풍미」를 이해하기 위해 후각의 2가지 경로에 대해 알아보자.

아래 그림처럼 향분자가 코 안쪽의 후상피에 도달하는 경로는 2가지가 있다. 「전비강성 후각」 경로와 「후비강성 후각」 경로이다.

전비강성 후각 경로

첫 번째는 코끝을 통해 외부에서 향분자가 들어오는 전비강성 후각 경로이다.

향을 맡는다고 하면 일반적으로 우리는 꽃에 얼굴을 가까이 대고 코로 쓱 들이마시는 동작을 상상한다. 몸밖에 있는 물질에서, 호흡과 함께 코 안쪽으로 향분자를 들이마시는, 이것이 첫 번째 경로이다. 이렇게 코끝에서 시작되는 경로에 의한 향을 「전비강성 후각(Orthonasal Olfaction)」, 「코끝향」, 「전비향」 등으로 부른다.

영어 단어 앞의 「Ortho-」는 「똑바른, 옳은」이라는 의미다. 김을 구울 때 느껴지는 바다향은 전비강성 후각으로 느끼는 향이다. 사람은 전비강성 후각을 통해 음식을 입에 넣기 전에 음식의 신선도를 판단할 수 있으며, 과거의 기억과 비교해 맛을 예측할 수 있다.

코의 단면도

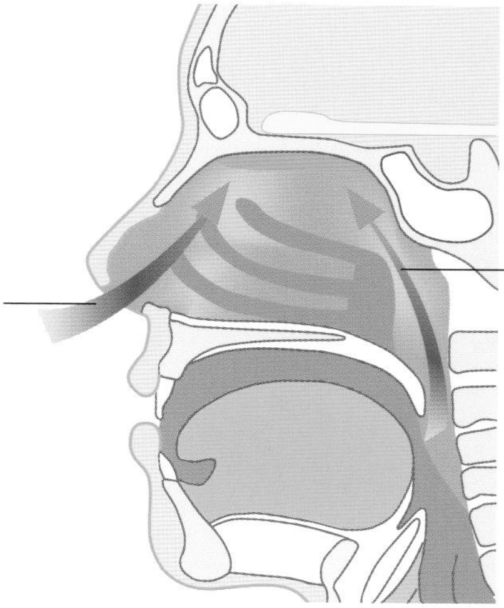

전비강성 향
코끝으로 들어가 후상피에 도달하는 향. 「코끝향」, 「전비향」이라고도 한다.

후비강성 향
목으로 올라와 후상피에 이르는 향. 「입안향」, 「뒷향」이라고도 한다.

향이 후상피에 이르는 경로는 2가지다. 코끝으로 들어가는 전비강성 경로와 입에 넣은 음식의 향이 목구멍을 통해 올라오는 후비강성 경로이다. 후비강성 경로는 풍미 형성에 중요한 역할을 한다.

또한 이로 인해 식욕이 돋기도 한다.

후비강성 후각 경로

또 하나의 경로가 후비강성 후각(Retronasal Olfaction) 경로이다. 목을 통해 코로 빠져나가는 향분자를 포획하는 경로이다.

영어 단어 앞의 「Retro-」는 「뒤쪽의」라는 의미인데, 「후비강성 후각」, 「후비향」, 「입안향」, 「뒷향」 등으로 부른다. 음식을 입안에 넣고 씹어 삼키는 과정에서 날숨과 함께 목구멍에서 코 안쪽으로 올라오는 향이다.

이 경로로 느끼는 향은 미각으로 느끼는 오미(단맛·신맛·짠맛·쓴맛·감칠맛)나 떫은맛·매운맛의 정보와 섞여서, 식품이 함유하고 있는 여러 가지 「풍미」를 느끼게 해준다. 딸기를 입에 넣고 신선하고 달콤한 「맛」을 즐기고 있다고 생각할 때, 그 맛에는 미각뿐 아니라 후각이 크게 관련되어 있는 것이다.

따라서 풍미를 자세히 알기 위해서는 식재료 그 자체에서 풍기는 향뿐 아니라, 입에 넣고 잘게 씹었을 때나 침과 반응했을 때 생기는 향에 대해서도 생각해야 한다. 재미있게도 같은 향이라도 다른 경로를 통해 받아들이면, 뇌에서도 다른 부위가 활성화된다는 보고도 있다.

우리의 뇌는 전비강성 후각에서 온 정보인지 후비강성 후각에서 온 정보인지를 구별할 수 있는 것이다.

동물의 후각

덧붙여서 쥐나 개 등 다른 포유류에서는 목으로 넘길 때의 향이 「후비강성 후각」으로 후상피에 쉽게 도달하는 구조를 찾아볼 수 없다. 그들은 아마도 사람처럼 「풍미」를 느끼며 식사하지 못할 것이다.

흔히 「개는 코가 발달했다」라고 한다. 개의 후상피는 사람의 40배나 있으며, 구조견이나 경찰견은 사람이 구분할 수 없는 미묘한 냄새를 찾아낼 수 있다. 그렇지만 그럼에도 불구하고 입에 넣은 음식의 향과 맛을 느끼고 즐기는 것은 사람이 더 잘한다는 것이다.

「사람은 왜, 요리할까?」

이 질문에 대해서는 보건학적으로나 문화론적으로나 다양한 답이 나올 수 있겠지만, 사람이 이렇게 요리에 열중해서 풍미를 느끼는 기쁨, 식사의 즐거움에 집착하는 것은 신체 구조에도 원인이 있다.

···········
향과 명언

「나는 후각의 참여 없이는 맛을 완전하게 감식할 수 없다는 것을 인정했을 뿐 아니라, 더 나아가 후각과 미각은 결국 하나의 감각이며, 입이 실험실이라면 코는 굴뚝이라고 생각할 정도이다.

『미식예찬』 브리야 사바랭

브리야 사바랭은 18세기 프랑스 태생의 미식가이다. 그 시대에 이미 향이 음식의 맛에 중요한 역할을 한다고 설명했다.

Q 왜 사람마다 느끼는 방식이 다를까?

> 유전적 요인과 익숙한 식문화,
> 어렸을 때부터의 식습관 등이 영향을 미친다.

유전적 요인

「동물과 사람은 향을 느끼는 방식이 다르다」라고 앞에서 설명했는데, 사실은 사람도 향을 느끼는 방식이 각각 다르다.

예를 들어, 특정 후각수용체의 유전형 차이에 의해 「안드로스테논(Androstenone)」 냄새를 잘 느끼지 못하는 사람이 있다. 안드로스테논은 사람의 땀 등에도 함유된 성분인데, 세계 3대 진미인 트러플의 향에도 들어 있는 물질이다.

또한 다른 수용체에서도 유전자형 차이에 의해 「푸른잎 알코올(Leaf Alcohol)」의 향을 고농도로 만들지 않으면 느끼기 힘든 사람도 있다. 푸른잎 알코올은 「풀향」이라고도 하는데, 녹차를 비롯하여 여러 채소에도 함유된 향물질이다. 우리는 같은 요리라면 누구나 같은 풍미를 느낀다고 생각하기 쉽지만, 반드시 그렇다고는 할 수 없다.

식문화와 식습관의 영향

그렇다고 향·풍미에 대한 반응이나 취향이 유전적인 요소만으로 결정되는 것은 아니다. 몸에 밴 익숙한 식문화나 어린 시절 가정에서의 식습관에 의해서도 좌우된다.

경험에 의한 학습은 이미 우리가 엄마 뱃속에 있을 때부터 시작된다고 한다. 예를 들어, 엄마가 임신 중에 당근을 먹으면, 아이가 당근 풍미의 이유식을 싫어하는 일이 적다는 보고가 있다. 아니스나 마늘을 사용한 연구에서도 같은 결과를 볼 수 있다.

경험을 통한 학습

또한 사람은 성장 과정 중 어린 시절에 경험하지 못한 음식에 처음으로 도전할 기회를 맞이한다. 이때 그 음식이 어떤 인상을 남기고 신체에 어떤 영향을 미쳤는지가 개인에게는 중요한 「학습」이며, 향·풍미에 대한 취향이 되어 오랫동안 영향을 미친다. 미각 혐오학습(어떤 음식을 먹었을 때 구토나 복통 같은 좋지 않은 경험을 하면, 그 음식의 특성을 기억하고 그 뒤로는 먹지 않게 된다)은 많은 동물이나 사람에게서 관찰된다.

미각과 함께 나타나는 후각에서도 마찬가지로 혐오학습이 일어나는 것을 보여주는, 동물을 대상으로 한 연구도 있다. 즉, 음식으로 불쾌한 경험을 하면, 그때 느꼈던 향·풍미까지도 받아들일 수 없게 되는 것이다.

반대로 맛에 대한 만족감, 놀라움을 준 풍미도 기억에 남아, 그 뒤로 음식을 느끼는 방식에 변화를 준다. 우리의 후각은 신체 입구에 있는 센서로서 엄격하고 보수적이지만, 한편으로는 새로운 영양원이나 쾌락적 요소를 찾아 일상의 음식 경험 속에서 변화해 가는 유연성도 갖고 있다.

> 향을 느끼는 방식은
> 사람마다 다릅니다.

2004 노벨상_ 후각 시스템의 규명

수십만 종류나 되는 다양한 향물질을, 어떻게 냄새로 구분할까? 많은 학자들이 이 수수께끼를 풀기 위해 가설을 제시해왔다.

향분자의 진동이 후세포에 인식되어 향의 질을 결정한다는 「분자 진동설」, 향의 차이를 감지하는 것은 세포막의 지질이중막이라는 「흡착설」 등의 가설이 제시되다가, 1990년대에 이르러 미국의 린다 벅과 리처드 액셀이 후각수용체를 찾아냈다. 이런 공적에 이어 그들은 2004년 「냄새 수용체와 후각 시스템의 구조에 대한 발견」으로 노벨 생리의학상을 수상했다.

역치

각종 향분자에는 「역치」가 있다. 역치란 어떤 향분자의, 사람이 「향」을 느끼는 데 필요한 최소한도의 농도를 나타내는 수치이다. 공기 속에 얼마나 많은 양의 분자가 있어야 「향」의 존재를 느낄 수 있을까. 농도가 역치보다 낮으면 「향」을 느낄 수 없다.

역치는 분자의 종류에 따라 다르다. 많은 분자가 떠돌아다니지만, 사람이 느끼기 어려운 「역치가 높은」 종류의 향분자가 있고, 적은 양이라도 사람이 금방 알아차릴 수 있는 「역치가 낮은」 향분자도 있다. 예를 들면 어떤 과일에서 풍기는 향성분을 모아서 무엇이 어떤 비율로 함유되어 있는지 수치로 나타낸다 해도, 사람이 「느끼는 방식」(관능평가)과는 크게 차이가 나는 경우도 있다.

준비·밑손질

향을 살리는 조리방법을 알기 위해, 먼저 준비와 밑손질 과정을 살펴보자. 자르기, 다지기, 으깨기 등의 조리방법을 사용하는 경우가 많은데, 이러한 작업으로 바뀌는 것은 식재료의 모양이나 질감만이 아니다. 향과 풍미도 크게 달라진다.

여기서는 먼저 향이 식재료의 어느 부분에 함유되어 있는지 확인하고, 조리방법과의 관계를 생각하면서 준비하고 밑손질하는 과정을 진행해보자.

향이 있는 위치에 맞는
조리방법을 연구해봅시다.

체험실습 ③

실습테마

로즈메리의 「향주머니」는 잎에 있다

현미경으로 향의 위치를 찾아보자

준비

현미경 : 100배율 정도로 볼 수 있는 것(휴대용 현미경도 가능).
로즈메리잎(또는 그 밖의 꿀풀과 허브)

과정

1   먼저 로즈메리잎에 코를 가까이 대고 향을 맡아본다.

2   현미경을 100배율 정도로 조절한다.
    로즈메리잎의 뒷면을 보면 작은 공모양이 많이 보인다.
    이것이 향분자가 가득찬 향주머니이다(→ p.32 참조).

3   다른 허브도 있으면 같은 방법으로 관찰해서 비교해본다.

결과

꿀풀과 허브는 사용하기 전에 살짝 비비거나 다져두면 향이 잘 살아난다.
표면의 「향주머니」를 실제로 보면 그 이유를 이해할 수 있다.

Q 「향을 살리는 요리」에서 준비·밑손질 과정의 주의사항은?

**식재료의 향 위치를 파악해서,
향이 사라지지 않게 잘 살린다.**

「식재료의 독특한 향을 즐기고 싶다」, 「허브나 과일의 좋은 향을 요리에 더하고 싶다」. 이처럼 향을 살리는 요리를 하려면, 향이 식재료의 어디에 있는지 파악하는 것이 가장 중요하다. 그리고 그것을 잘 끌어내 사라지지 않게 하는 것이 중요하다.

잊지 말아야 할 것은 허브도 과일도, 사람이 먹는 식재료이기 전에 「식물」이라는 점이다.

이유가 있어서 독특한 향을 만들어내고 자신에게 도움이 되는 곳에 저장한다. 식물의 종류에 따라 향을 만드는 방법, 향이 있는 위치도 다르다. 이런 시각에서 식재료를 살펴보면, 향을 잘 살릴 수 있는 아이디어가 떠오른다.

식재료 중에는 준비하고 밑손질하는 과정에서 이루어지는 자르기, 다지기, 말리기, 으깨기 등의 조리방법으로 향이 달라지는 것도 있다. 여기서는 조리방법과 식재료의 관계에 대해 알아보고, 향을 살리는 요리에 도전해보자.

COLUMN

식물은 왜 향을 만들까?

꽃과 잎, 껍질 등 특정 부위에 독특하고 강한 향을 저장하고 있는 식물이 많다. 식물은 무엇 때문에 이런 향을 만들어낼까?

많은 식물들에게 있어서 향은 바깥세상에 대한 교묘한 화학적 전략이다. 식물은 동물과 달리 뿌리내린 곳에서 움직이지 못하고 생명을 유지하면서 종을 보존한다. 향은 「유리한 작용을 하는 동물, 곤충, 미생물을 유인한다(=유인효과)」, 「해를 끼치는 것을 멀리 떼어 놓는다(=기피효과)」, 「다른 식물과 서로 정보를 전달한다」 등의 목적으로 생성된다. 예를 들어 꿀풀과 허브인 바질도 잎이나 꽃받침에 향분자가 들어있는 주머니가 있다.

외계의 숲?

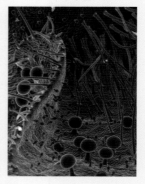

전자현미경으로 본 허브(바질)의 꽃받침 사진이다. 육안으로는 보이지 않지만 아름답고 복잡한 미시세계가 펼쳐져 있다. 가정에서 흔히 사용하는 현미경으로는 이 정도로 자세히 확인하기 어렵다. 잎과 꽃받침 표면에는 표피세포가 자란 트리콤(털모양 돌기)이 있다. 많은 「향주머니」가 생성되어 저장된 모습을 볼 수 있다(제공: 이화학연구소).

Q 「자르기·다지기」로 향이 달라질까?

허브, 향신료는 「자르기·다지기」 작업으로
향이 다르게 느껴진다.

식물은 저마다 독특한 향을 만들어낸다. 허브류와 향신료류, 채소와 과일 등 식물성 식재료의 향을 요리에 활용하기 위해서는, 먼저 그 향의 위치를 확인하는 것이 중요하다. 또한 같은 재료라도 자르고, 다지는 방법으로 향이 다르게 느껴지기도 한다.
여기서는 「자르기 · 다지기」와 향의 관계를 알아본다.

① 꿀풀과 허브의 향
민트, 로즈메리, 타임, 청소엽, 바질 등 꿀풀과의 허브를 요리에 곁들일 때는, 요리하기 직전에 살짝 비비거나 다지면 향이 잘 살아난다고 알려져 있다(바질에 지나치게 힘을 가하면 검게 변하므로 주의).
체험실습 ③(→ p.31 참조)에서 보았듯이 이들 허브는 잎 표면의 트리콤(Trichome)에 작은 「향주머니」를 갖고 있어서, 외부로부터 자극을 받으면 표면의 향이 발산되는 구조이다.
주머니에 저장된 독특한 향은 식물에게 있어서, 잎에 해를 끼치는 곤충이나 미생물에 대한 방어책이다. 민트나 바질과 같은 꿀풀과의 허브들은 그래서 향분자를 만들어낸다. 오른쪽 그림처럼 향분자의 생성은 주머니 아랫부분의 분비세포에 의해 이루어지고 저장된다.

② 월계수잎 자르는 방법
월계수잎은 꿀풀과 허브와는 달리, 튼튼한 잎 내부에 향이 저장되어 있다. 그래서 향을 살리고 싶을 때는 잘라서 사용하는 것이 좋다. 재료를 「자르는 방법」도 향에 영향을 미친다.
월계수잎을 수프나 조림요리에 사용할 때는 어떻게

자르는 것이 좋은지, 말린 월계수잎을 「자르는 방법」에 대한 실험보고를 살펴보자.
아래는 4가지 방법으로 월계수잎을 잘라서 향을 비교한 것이다.
A : 칼집을 넣지 않은 것.
B : 좌우에 칼집을 넣은 것.
C : 가로세로 1cm 크기로 자른 것.
D : 분쇄기로 잘라서 1mm 체에 내린 것.
월계수잎의 주요 향성분으로 감귤류 같은 향의 「리모넨(Limonene)」, 시원한 청량감이 있는 「유칼립톨(Eucalyptol)」, 라임 같은 향의 「테르피놀렌(Terpinolen)」, 스파이시한 향의 「아세트산 테르피닐(Terpinylacetat)」 등이 함유되어 있는데, 잘게 자를수록 리모넨이 감소해서 유칼립톨과 아세트산 테르피닐이 상대적으로 강해지는 것을 알 수 있다.
즉, 잘게 자르면 월계수잎의 신선하고 과일 같은 향은 약해지고 자극적인 향이 강조된다. 또한 위의 4가지 방법으로 처리한 월계수잎을 물에 넣고 끓였을 때 향이 가장 강한 것은 「B」였다. 이처럼 같은 재료라도 자르는 방법에 따라 완성된 요리의 향과 풍미가 달라진다.

※ 사토 사치코, 가즈노 치에코 『요리에 사용하는 월계수잎의 상태에 따른 향성분』

꿀풀과 허브의 향주머니

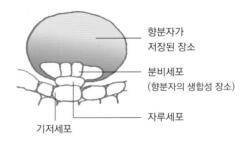

꿀풀과 허브의 향분자는 어디에서 만들어질까. 「향주머니」 아래쪽에 있는 분비세포에서 합성되어 주머니에 저장된다.

③ 감귤류의 껍질과 자르는 방법

레몬, 오렌지, 유자 등 감귤류의 열매는 산뜻한 향이 매력인 식재료인데, 이처럼 특별한 향은 대부분 껍질에 함유되어 있다. 껍질에서 볼 수 있는 알갱이 모양의 기관인 「유포」 안에 (→ p.13 참조) 향분자가 가득 차 있다. 유포는 꿀풀과 허브의 잎에 있는 트리콤의 「향주머니」보다 훨씬 큰 기관이다. 이 유포를 자르면 향이 발산된다.

그래서 일본요리에서는 유자껍질을 얇게 깎아 국물요리 위에 올려서 향을 낸다. 국물을 담은 그릇의 뚜껑을 열면 잘린 유포에서 따뜻하게 데워져 휘발된 향분자가 퍼져나와, 계절감을 잘 살릴 수 있다.

프랑스의 디저트 오랑제트는 과일에서도 향이 강한 껍질만 잘라서 만든 과자이고, 바텐더가 칵테일에 장식하는 라임이나 레몬 제스트도 양은 적지만 인상적인 향과 색감을 더하는 역할을 한다.

신선한 생선을 감귤류의 껍질로 마리네이드하면 감칠맛에 산뜻한 향을 더할 수 있다. 아래 레시피의 「잿방어 레몬절임」과 같이 비교적 지방이 많은 생선 종류를 사용하는 경우에는, 껍질을 잘게 잘라 유포에서 향을 충분히 끌어내는 것이 좋다. 껍질을 다진 뒤에는 향이 휘발되지 않도록 최대한 빨리 생선 표면에 묻혀야 한다.

여기서는 레몬껍질을 사용했지만 유자 등 다른 감귤류의 껍질을 사용해도, 같은 방법으로 마리네이드할 수 있다.

「자르기·다지기」로 향을 끌어내는 레시피

만들어
봅시다

잿방어 레몬절임

재료(4인분)
잿방어살 …… 320g(덩어리로 껍질만 제거한)
레몬껍질 …… 2개 분량(필러로 노란 껍질만 벗겨서 다진)
소금 …… 조금

만드는 방법
1 잿방어에 소금을 살짝 뿌리고 레몬껍질을 묻힌 뒤, 트레이 등에 올려서 비닐랩을 씌운다. 냉장고에 넣고 3시간~반나절 정도 둔다.
2 1의 레몬껍질을 제거하고 얇게 슬라이스해서 접시에 가지런히 올린 뒤, 올리브오일(분량 외)과 소금 등을 뿌린다.

지방이 많은 잿방어에 산뜻한 레몬향을 더했다.
레몬껍질은 잘게 썰어서 향을 충분히 끌어낸다.

Q 말리면 향이 변할까?

> **말리면 전체적으로 향이 약해지고,
> 향의 밸런스도 변한다.**

여름철 정원에서 무성하게 자란 허브를 말려서 보관하는 사람도 많이 있을 것이다. 식물을 말리는 방법은 오래 보관할 수 있고 부피가 줄어드는 등의 장점이 있다. 다만, 향의 시점에서는 말리기 전에 비해 전체적으로 향이 약해진다. 또한 식재료에 함유된 각종 향분자의 밸런스가 달라지므로, 같은 재료라기보다 다른 재료라는 생각으로 요리에 활용하는 것이 좋다. 여기서는 말리는 과정에서 변하는 향의 예를 살펴보자.

① 생타임과 말린 타임

생선요리 등에 많이 이용하는 허브인 타임의 경우, 생타임과 말린 타임은 향에 어떤 차이가 있을까?
커먼타임의 생잎과 말린 잎(작은 다발로 묶어서 1주일 동안 그늘에서 말린 것)을 비교한 실험이 있다. 생잎의 경우 전체적인 향의 밸런스에서, 약한 시트러스 같은 향 「시멘(symene)」과 나무 같은 향 「테르피넨(Terpinene)」, 약품계열향 「티몰(Thymol)」이 주를 이루었지만, 말린 뒤에는 꽃 같은 향의 「리날로올(Linalool)」이나 장뇌 같은 향 「보르네올(Borneol)」, 침엽수 같은 향 「α-피넨(α-Pinene)」의 비율이 증가했다. 생타임은 약품계열의 허브향이지만, 말리면 또 다른 향으로 변하는 것이다.
말린 잎은 부피가 줄어든 만큼 많이 사용하기 쉽지만, 특히 말린 타임의 잎은 쓴맛이 나기 때문에 조금만 사용하는 것이 좋다.

② 말린 표고버섯의 렌티오닌

말리는 과정과 그 뒤의 조리에서 좋은 향을 얻을 수도 있다. 흔히 사용하는 「말린 표고버섯」이 그런 경우에 해당된다.
말린 표고버섯으로 낸 육수의 풍미는 국이나 찌개 등에도 잘 어울린다. 표고버섯의 독특한 향과 풍미를 느끼게 해주는 유황화합물 「렌티오닌(Lenthionine)」은 생표고버섯을 말린 뒤 물에 불려서 사용하면 많이 생성된다.

COLUMN

세계의 믹스 향신료, 믹스 허브를 활용하는 방법

말린 것은 가루상태로 만들기 쉬우므로, 허브나 향신료를 말려서 가루로 만들면 쉽게 향을 섞을 수 있다. 이처럼 말린 재료의 장점을 살려서 만든 세계의 믹스 허브와 향신료를 소개한다.
남프랑스의 믹스 허브인 「에르브 드 프로방스(Herbes de Provence)」는 타임, 로즈메리, 세이지, 마조람, 라벤더 등을 섞은 것이고, 프랑스어로 4가지 향신료를 뜻하는 「카트르 에피스(Quatre épices)」는 흰 후추, 넛메그, 생강, 정향 또는 시나몬을 섞은 것이다. 또한 힌두어로

매운 혼합 향신료를 의미하는 「가람마살라」는 커민, 고수, 카르다몸, 정향, 시나몬, 검은 후추, 넛메그 등을 섞은 것이고, 중국의 「오향가루」는 정향, 시나몬, 진피, 화자오 외에 팔각이나 펜넬 등 모두 5가지의 향신료를 섞은 것이다. 일본의 「시치미토가라시」는 고춧가루, 초피, 진피, 깨, 양귀비씨, 대마씨, 파래 등 7가지 향신료를 섞은 혼합 향신료이다.
모두 어느 정도 정해진 레시피가 있지만, 지역이나 용도에 따라 다양하게 응용해서 사용한다.

Q 「갈기」, 「으깨기」로 향이 변할까?

> 마늘이나 와사비처럼, 세포가 파괴되면
> 향이 살아나는 식재료도 있다.

식물이 가진 강한 향은 살아남기 위한 화학적 전략(→ p.32 참조)이다. 동물이나 곤충으로부터 스스로를 보호하기 위해 합성한 물질은, 식물 자신을 해치지 않도록 잘 다루어서 효율적으로 이용해야 한다.

그런 방법의 하나가 꿀풀과의 허브처럼 향을 미리 만들어서 전용 향주머니에 저장해두는 방법이다(→ p.33 참조). 여기서는 그 밖의 다른 식물들이 향을 다루고 사용하는 방법을 소개한다. 그것은 향을 미리 만들지 않고, 필요할 때 바로 그 자리에서 향을 만드는 방법이다. 「적에게 물린 바로 그때에, 강력한 향을 만들어서 격퇴한다」. 식물 중에는 이러한 향의 생합성 시스템을 가진 것도 많다.

갈거나 으깼을 때 향이 살아나는 재료는, 이러한 시스템을 가진 식물이다.

① 마늘 갈기

마늘은 강한 향의 대명사이기도 하다. 독특한 향의 중심 물질은 「알리신(Allicin, 황화합물)」이다.

그러나 마늘을 그대로 두는 것만으로는 그다지 강렬한 향이 나지 않는다. 마늘의 향은 다지거나 가는 등의 작업으로 세포가 파괴되었을 때, 함황 아미노산 알리인(Alliin)에 알리나아제(Allinase)라는 효소가 작용해 알리신이 생성되면서 비로소 생기는 향이다. 세포가 물리적으로 파괴되지 않는 한 특유의 향은 합성되지 않는다. 아마도 마늘이 토양 속 곤충이나 동물의 먹이가 되는 것을 막기 위해 만들어진 시스템일 것이다.

② 와사비 갈기

일본요리의 양념으로 인기가 많은 와사비. 최근에는 서양식 가이세키 요리[懷石料理, 다도에서 차의 풍미를 제대로 느끼기 위해 차를 마시기 전에 제공되는 적당한 양의 식사]나 프렌치요리 등에도 사용된다. 와사비의 코끝이 찡한 특징적인 매운맛과 향의 근원은 「알릴이소티오시아네이트(Allyl Isothiocyanate)」이다. 이 성분 역시 와사비의 뿌리줄기 자체에는 함유되어 있지 않다. 와사비를 갈면 와사비에 함유된 글루코시놀레이츠(Glucosinolates)에 효소가 작용하면서 생성된다. 또한 생성된 지 얼마 안 된 알릴이소티오시아네이트는 휘발성이 높기 때문에, 갈고 나서 몇 분 뒤에 먹는 것이 가장 좋다. 그 뒤에는 특유의 향이 점점 줄어든다. 와사비의 자극적인 향과 매운맛 성분은 겨자나 호스래디시와 같지만, 일본의 사와 와사비[沢わさび, 흐르는 물을 이용해 재배한 와사비]의 향에는 특유의 신선한 그린 노트가 함유된 것이 확인되었다.

③ 「초록잎휘발성물질」의 생성

외부의 자극을 받아 즉석에서 생성되는 식물의 향으로, 「초록잎휘발성물질(Green Leaf Volatiles)」이 많이 알려져 있다.

이 향의 발견은 19세기 후반에 독일의 연구자가 신록의 계절에 나무에서 느껴지는 상쾌한 풀향을 탐색하기 시작한 것이 발단이 되었다. 20세기 들어 일본에서 우지차의 생잎에 이 물질이 함유된 것이 발견되어, 일본 연구자들에 의해 초록잎휘발성물질의 정체가 명확하게 밝혀졌다. 이는 1종류의 향물질을 가리키는 것이 아니라, 「푸른잎 알코올(Leaf Alcohol)」을 비롯하여 탄소수 6개로 구조가 비슷한 8종류의 물질이 섞인 향을 가리킨다. 거의 모든 속씨식물이 만들어내는 향이다.

식물 사이의 정보교환이나 잎이 곤충 등으로부터 공격을 받았을 때의 대응책으로, 식물은 용도에 따라 여러 가지 향분자를 블렌딩하여, 발산하는 「초록잎휘발성물질」의 향을 변화시킨다고 알려져 있다. 「푸른잎 알코올」과 「푸른잎 알데하이드(Leaf Aldehyde)」의 블렌딩은 사람에게 진정작용이 있다는 보고도 있다.

④ 초피잎 으깨기

초피잎을 태양에 비추어 보면 잎에 작은 점이 많이 보인다. 운향과 식물의 잎 속에는 향분자가 저장된 「유점(Pellucid dot)」이 있기 때문이다.

초피잎을 요리에 곁들이기 전에 손바닥 사이에 놓고 탁탁 치는 것은, 잎 속 유점에서 향을 끌어내기 위해서이다. 초피의 향을 제대로 활용하고 싶을 때는 잎을 으깨기도 한다.

「으깨기」는 일반적으로 식재료의 조직이나 세포를 손상시켜 식감을 부드럽게 만들고, 다른 액체나 조미료와 잘 섞이게 만들어준다. 예를 들어 봄철에 먹는 「어린 죽순 초피미소 무침」은 초피의 새순을 으깬 뒤 식초를 넣은 미소된장에 섞어서, 초미소의 맛과 초피의 향을 함께 즐길 수 있다.

초피잎에 관한 연구에서 알아두어야 할 것은, 초피잎에 함유된 향분자 종류의 밸런스는 성장 과정에서 변한다는 것이다.

초피잎에는 침엽수 같은 향 「α-피넨(α-Pinene)」, 스파이시한 「미르센(Myrcene)」, 시트러스계열향 「리모넨(Limonene)」, 청량감 있는 「펠란드렌(Phellandrene)」, 「시트로넬랄(Citronellal)」 등이 함유되어 있다. 성장에 따라 달라지는 잎의 크기(소 = 2×1cm, 중 = 3.5×2cm, 대 = 6.5×3.5cm)에 따라 성분을 비교하면, 작고 어린잎이 전체적으로 향이 풍부할 뿐 아니라 리모넨이나 미르센 등 상쾌한 향의 비율이 높은 것으로 나타났다. 큰 잎에서는 α-피넨이나 펠란드렌의 비율이 높아서, 나무계열의 녹색잎 같은 향이 강해진다.

아래의 「감자뇨키」 레시피에서는 작고 부드러운 초봄의 「초피나무 순」이 아닌, 정원에서 채취한 중~대 크기로 성장한 초피잎을 사용하였다. 초피잎을 으깨서 부드럽게 만들어 지방이 많은 소스에 섞으면, 그린계열의 향이 독특한 악센트가 되어 어린잎과는 다른 초피향의 매력을 끌어낼 수 있다.

「으깨기」로 향을 끌어내는 레시피

만들어 봅시다

초피잎 제노베제 소스를 올린 감자뇨키

**초피잎 페이스트
(만들기 쉬운 분량)**
초피잎 …… 10g
올리브오일 …… 40㎖
소금 …… 1꼬집

뇨키(4인분)
감자 …… 300g(껍질째 삶은 뒤
　　　　　껍질을 벗겨 으깬)
달걀 …… 1개
파르메산치즈 …… 40g(간)
강력분 …… 140g
소금 …… 3g

버터 …… 30g
잣 …… 10g
마늘 …… 1쪽(다진)
파르메산치즈 …… 10g(간)
초피잎 페이스트 …… 15g

만드는 방법
1 초피잎 페이스트 재료를 절구에 넣고 잘게 으깬다.
2 뇨키 재료를 섞은 뒤 한입크기로 동그랗게 빚는다. 포크로 눌러서 자국을 낸 뒤 삶는다.
3 프라이팬에 버터, 잣, 마늘을 넣고 옅은 갈색이 될 때까지 볶은 뒤, **2**를 넣어 버무린다.
4 불을 끄고 파르메산치즈와 초피잎 페이스트 15g을 넣어 완성한다.

초피잎과 오일을 섞은 제노베제소스.
독특한 풀향이 느껴지는 어른의 맛이다.

가열조리

인류학자 중에는 인류의 선조들이 150만 년 전부터 고기를 구워서 먹었다고 주장하는 사람도 있다. 최근 연구에서는 다양한 분야에서, 불을 사용한 조리가 인류 진화에 큰 의미가 있는 것으로 밝혀졌다. 가열조리에 의해 식재료는 소화흡수가 잘 되게 바뀔 뿐 아니라, 가열 전 상태와는 전혀 다른 「향」을 발산한다.

여기서는 가열조리에 의해 변화하는 요리의 향에 대해 알아본다.

향분자는
조리 중에 생겨날 수도 있어요.

─ 실습테마 ─

가열로 만들어지는 향이 있다.

로스팅으로 커피향을 느껴보자

준비

커피 생두*, 작은 망(바닥이 평평한 로스팅용), 드라이기, 분쇄기

* 커피 생두는 커피전문점(매장이나 온라인)에서 구입할 수 있다.

과정

1   생두를 1개 집어서 향을 맡는다.
    생두에는 아직 커피 특유의 강한 향이 없다.

2   생두를 로스팅용 작은 망에 담고 불 위에 올린다.
    가스레인지의 불꽃과 10~15㎝ 거리를 두고 흔들면서 볶는다.
    가능한 한 고르게 가열한다.

3   가열을 시작하고 15분 정도 지나면 생두가 튀어오르는 소리가 나기 시작한다.
    시작하고 20분 정도 지나면 가열을 끝낸다.

4   남은 열로 로스팅이 진행되기 때문에, 금속 체에 옮겨서 드라이기의 찬바람 등
    으로 원두를 상온으로 만든다.

5   상온이 되면 원두의 향을 맡는다.
    생두와는 다른 고소한 향을 느낄 수 있다.

6   30분 정도 뒤에 원두를 간다.

결과

식재료는 가열과정을 거치면서 향이 크게 변한다.
커피 생두를 로스팅하면 가열로 생긴 향을 느낄 수 있다.
또한 간 직후에는 향분자가 휘발하기 쉬워져서, 더 강한 향을 느낄 수 있다.

Q 가열조리하면 향이 변할까?

> 가열하지 않은 생재료가 가진 향,
> 가열로 새롭게 생기는 향 모두가 달라진다.

가열조리를 하면 요리의 향은 어떻게 변할까? 「향분자의 이동」에 중점을 두고, 향의 변화가 어떻게 일어나고 맛으로 이어지는지를 생각해보자.
여기서는 「신선향기(생재료가 가진 향)」와 「가열향기(가열로 생기는 향)」라는 2가지 향에 주목한다.

신선향기를 살린다? 억제한다?

식재료가 원래 갖고 있는 향을 「신선향기」라고 하자. 채소, 과일, 고기, 생선, 곡류 등 모든 식재료에는 많든 적든 「향」이 있다. 입에 넣었을 때 이것이 「풍미」로 느껴지기 때문에, 가열조리로 향이 변한다 해도 역시 식재료가 갖고 있는 신선향기의 질은 요리의 완성도를 크게 좌우한다. 맛있는 요리는 먼저 좋은 재료의 선택에서 시작된다고 말하는 것은, 이런 의미로도 이해할 수 있다.
하지만 비린내나 풋내 등 원래 갖고 있는 신선향기가 좋지 않은 냄새(악취)라면, 이를 줄이는 것이 맛있는 요리로 이어지는 경우도 있다. 예를 들면 채소의 풋내를 가열조리로 휘발시켜 먹기 좋게 만드는 것이다.

반대로 가열하는 요리라도 신선향기를 최대한 남기고 싶은 경우도 있다. 향분자는 휘발성이기 때문에 향이 날아가지 않게 하는 온도나 시간 조절, 조리도구 선택 등 여러 가지를 고려해야 한다.

향의 output

다음은 수분이나 유분 등의 액체에 식재료를 담가둘 경우 신선향기의 움직임을 생각해보자. 가열에 의해 신선향기가 주위의 액체 속으로 녹아서 흘러나온다. 좋은 향을 액체로 옮기고 싶을 때는 이 조리방법이 알맞다. 예를 들면 물(뜨거운 물)로 육수를 내고, 고기나 허브로 수프 스톡을 만들고, 차를 우리고, 가열한 오일에 마늘을 넣어 향을 끌어낸다. 이런 방법은 식재료의 향을 액체 속으로 옮기기 위한 것이다.
반대로 채소를 데칠 때 등과 같이 식재료의 신선향기를 놓치지 않고 싶은 경우에는, 가열시간을 잘 조절해야 한다.

향의 input

또는 메인 식재료 주위에 있는 다른 식재료의 향분자가 메인 식재료로 이동하는 경우도 있다. 예를 들어 간장을 사용한 절임액에 메인 식재료를 담가두면, 간장의 향이 식재료에 배어든다. 또한 액체가 아닌 고

체에서 흡착되는 경우도 있다. 조릿대잎이나 후박나무잎 등 식물의 잎으로 쌀밥을 싸서 향을 옮기는 향토음식은 전 세계에서 찾아볼 수 있는데, 이는 향분자가 고체에서 메인 재료로 이동하는 예이다.

이처럼 조리과정에서 재료가 가진 향분자의 이동이 이루어진다는 것을 알면, 향과 풍미를 살린 요리를 만드는 데 도움이 된다.
실제 조리에서는 이러한 신선향기의 이동과 함께, 가열로 발생하는 가열향기의 생성과 이동이 평행하게 일어난다.

가열로 생기는 향

식재료를 가열하여 새롭게 생기는 「향」도 있다. 이것을 「가열향기」라고 한다. 신선향기와 달리 식재료 자체에는 함유되어 있지 않고, 가열했을 때 식재료의 성분이 변화되어 생성되는 향이다.
가열향기가 생기는 대표적인 반응으로는 p.46에서 설명하는(→ p.46 참조) 마이야르 반응(아미노산과 당을 가열함으로써 일어나는 반응)과 PART 3 「감미료 × 향」(→ p.107 참조)에서 설명하는 캐러멜화 반응(당을 가열함으로써 일어나는 반응)이 있다. 오븐이나 프라이팬으로 조리할 때 고소한 향이 나는 경우가 많은데, 대부분 이 반응과 관계가 있다.

가열향기의 매력

우리는 대부분 가열 반응으로 생겨난 고소한 향을 좋아한다. 그 이유로 「사람은 향을 영양원의 2차 정보로 활용한다」라고 이야기하는 연구자도 있다.[*] 영양원인 당이 사람의 미각에 「단맛」을 느끼게 하는 것처럼, 「맛」이 영양소의 1차 정보라면, 「향」은 2차 정보라는 것이다. 즉, 이런 고소한 향은 식재료에 아미노산이나 당과 같은 영양원이 함유되어 있음을 의미하며, 이를 가열조리하여 소화하기 쉬운 상태가 되었다고 받아들인다는 것이다.
우리가 오븐에서 풍기는 고소한 향에 매력을 느끼는 데는 이런 이유도 있을지 모른다. 사람은 아주 오래 전부터 지금까지 음식 탐색에 후각을 충분히 활용해 왔다.

[*] 고바야시 아키오, 구보타 기쿠에 「조리와 가열향기」 조리과학 Vol. 22 No.3 (1989)

향분자들의 움직임은 다이나믹합니다.

양파를 가열하여 향의 변화를 느껴보자

> **마이야르 반응으로 생기는 고소한 향은,
> 생양파에는 없는 맛있는 향이다.**

가열조리에서 새로운 향의 생성을 실감할 수 있는 예로 양파를 볶는 작업이 있다. 카레나 양파 그라탱 수프를 만들 때는 먼저 슬라이스하거나 다진 양파를 오래 볶아야 된다. 볶으면서 서서히 양파의 질감이 바뀌고 색깔도 갈색으로 바뀌는데, 이 변화는 「마이야르 반응(→ p.46 참조)」 때문이다. 색과 함께 향과 맛도 크게 달라진다.

볶은 양파의 향 변화에 대해 조사한 실험이 있는데, 처음 5분은 250℃의 센불, 그 뒤에는 170℃로 낮춰서 5분마다 최대 70분까지 계속 볶아서 상태를 관찰한 실험이다. 패널의 평가 결과, 가열을 시작하고 20분까지는 「양파 냄새」가 느껴졌다. 생양파의 특징적인 냄새는 다이프로필 다이설파이드(Dipropyl Disulfide)에 의한 것으로, 대파 등에도 들어 있는 자극적인 파 냄새이다. 그 뒤로 30~35분 정도 지나자 「달콤한 향」, 40~45분 뒤에는 「고소한 향」, 55분 이상 지나자 「탄내」가 느껴졌다는 결과가 보고되었다. 맛있는 향으로 평가받은 것은 40~45분 정도에서 느껴진 고소한 향이었다.

양배추의 경우에도 신선향기를 살린 샐러드와 가열해서 볶은 양배추는 향과 풍미에서 차이가 있다. 생양배추는 「초록잎휘발성물질(→ p.37 참조)」에 속하는 녹색잎 같은 향이 나지만, 볶은 양배추의 경우 이 향은 매우 적어지고 달콤하게 구운 느낌의 향이 난다.

「볶기」로 향을 만드는 레시피

만들어
봅시다

캐러멜양파와 셰브르치즈로 만든 샐러드피자

재료(4인분)
피자도우(시판품) …… 4장
양파 …… 3개 분량(슬라이스)
소금 …… 1작은술
그린올리브 …… 16개(씨 제거)
프레시 셰브르치즈 …… 120g
루콜라 …… 적당량
호두(로스트) …… 적당량
올리브오일 …… 4큰술

만드는 방법
1 프라이팬에 양파, 올리브오일 2큰술, 소금을 넣고 짙은 갈색이 될 때까지 중불로 천천히 볶는다.
2 피자도우에 **1**을 넓게 펴고 220℃ 오븐에서 15분 정도 굽는다.
3 접시에 담고 그린올리브, 프레시 셰브르치즈, 루콜라, 구운 호두를 올린 뒤 올리브오일 2큰술을 뿌린다.

양파는 짙은 갈색이 될 때까지 볶아서 고소한 향을
충분히 끌어낸다. 토핑으로 식감도 즐길 수 있다.

Q 가열하면 왜 향이 생길까?

> **가열에 의해 마이야르 반응이나 캐러멜화 반응이 일어난다.**

볶기, 굽기, 끓이기 등의 가열조리로 고소한 향과 새로운 풍미가 생길 수 있다. 이것은 마이야르 반응이나 캐러멜화 반응(→ p.107 참조)에 의한 향 생성과 관련이 있다.

마이야르 반응이란?

마이야르 반응은 당과 아미노화합물의 화학반응으로, 1912년 프랑스의 과학자 마이야르(Maillard)가 보고하여 붙여진 이름이다. 고기나 생선을 프라이팬에 구울 때, 또는 빵을 토스터로 가열할 때, 식재료가 갈색으로 변하고 고소한 향이 난다. 이것들은 모두 마이야르 반응과 관련이 있다.

재료·온도에 따라 다양한 향이 생긴다

같은 마이야르 반응이라고 해도, 식재료에 함유된 아미노산이나 당의 종류, 가열할 때의 온도 등에 따라 생성되는 향분자의 종류는 다르다. 예를 들어 아미노산의 일종인 「류신(Lucine)」과 당이 반응하는 경우, 100℃로 가열할 때는 달콤한 초콜릿향이 생기고 180℃로 가열할 때는 구운 치즈향이 생긴다. 또한 아미노산 「발린(Valine)」은 100℃에서는 호밀빵 같은 향이 생기고, 180℃에서는 자극적인 초콜릿 같은 향이 생긴다. 식품에 함유된 아미노산은 1종류가 아니라 여러 종류이기 때문에, 가열했을 때 생기는 향이 다양해지는 것이다. 이런 복잡한 향이 갓 구운 음식의 맛있는 맛을 만든다.

간장과 된장

마이야르 반응은 고온에서 일어나기 쉽지만, 저온에서도 시간이 지나면 일어나기도 한다. 예를 들어 한국이나 일본의 대표적인 조미료인 간장과 된장이 그렇다. 갈색으로 변하거나 향이 생성되는 것은 숙성 중에 일어나는 마이야르 반응과 관련된다. 또한 이런 간장이나 된장을 조리에 사용할 경우, 그 요리에서는 마이야르 반응이 쉽게 일어난다.

향의 작용

마이야르 반응에 의해서 생기는 향이 식품의 맛이나 깊은 맛을 느끼는 방식에도 영향을 미치는 것을 보여주는 연구도 있다. 또한 최근의 연구에서 흥미로운 점은 마이야르 반응에서 생긴 향이 우리 신체의 자율신경계에 작용하는 것이다. 부교감신경을 우위로 만들어서, 불안감이나 긴장감 등을 완화하고 편안하게 만들어줄 수 있다.

불을 둘러싸고 모이는 바비큐에서 참가자들이 긴장을 풀고 편안함을 느끼는 데에는, 가열향기의 영향도 있을지 모른다.

> 한 마디로
> 마이야르 반응이라고 하지만,
> 여러 가지 향이 생성됩니다.

Q 원두와 호지차, 왜 좋은 향이 날까?

> 로스팅하면 성분이 달라지고,
> 맛에 꼭 필요한 향이 생성된다.

로스팅이란?

「로스팅」은 유지류 등을 사용하지 않고 식재료를 물기 없이 가열하는 방법이다. 수분을 줄여 식감에 변화를 주고, 가열에 의해 새로운 풍미를 생성시킬 목적으로 이루어진다. 예를 들어, 커피나 호지차의 맛에는 로스팅 과정에서 생긴 향이 큰 역할을 담당한다.

커피향의 변화

커피는 기후·입지 조건이 맞는 각지에서 재배되는 세계 3대 기호음료 중 하나이다. 복잡한 향과 풍미가 매력인데, 이미 800여 종의 향분자가 커피 속에서 발견되었다.

원료인 생두의 품종이나 산지별로 성분 비율의 차이는 분명하지만, 볶기 전에는 어떤 유명산지의 생두도 「커피향」이 나지 않는다. 체험실습④(→ p.41 참조)를 시험해본 사람들은 이를 이해할 수 있을 것이다. 로스팅으로 생두 속 지방, 탄수화물, 단백질, 클로로겐산(Chlorogenic acid), 카페인, 트리고넬린(Trigonelline) 등이 변화하여 향의 특징을 결정짓는다. 라이트 로스팅 단계에서는 아세트산 등이 생성되어 산뜻한 풍미가 되지만, 로스팅이 진행될수록 p.46에서 살펴본 마이야르 반응에 의해 퓨란(Furan)류의 달콤한 향이 증가하고, 더불어 페놀(Phenol)류의 스모키한향, 피라진(Pyrazine)류의 로스팅향(고소하고 조금 탄 듯한 향) 등이 깊은 풍미를 만든다. 같은 조건의 생두라도 로스팅 정도에 따라 향의 차이가 커진다.

보차향의 변화

호지차도 로스팅향을 즐기는 음료이다. 커피와 마찬가지로 피라진류와 퓨란류 등의 향성분이 함유되어 있다.

호지차 중에서도 이시카와현 가나자와시에서 만드는 「보차[棒茶]」는 좋은 향을 지닌 차로 지역 사람들을 중심으로 많은 사랑을 받고 있다. 일반 호지차처럼 차나무의 잎을 사용하는 것이 아니라, 줄기를 볶아서 만드는 것이 가장 큰 특징이다.

보차의 향을 조사한 보고에 의하면 좋은 향의 비밀은 줄기에 있다. 잎과 줄기의 아미노산량을 비교하면 줄기가 잎의 1.5배이다. 그만큼 마이야르 반응이 진행되어 많은 피라진류가 생성될 수 있다. 고소한 향이 돋보이는 「보차」의 비밀은 아미노산이었다. 또한 보차에는 게라니올(Geraniol), 리날로올(Linalool) 등의 꽃 같은 향도 함유되어 있다. 로스팅향과 꽃 같은 향의 밸런스가 보차의 매력적인 향을 만들어낸다.

포도당과 각각의 아미노산을 100℃에서 가열했을 때 생기는 향

아미노산 종류	향의 특징
글루타민	초콜릿 같은 향
글리신	캐러멜 같은 향
알라닌	맥주 같은 향
세린	메이플시럽 같은 향
메티오닌	감자 같은 향
프롤린	옥수수 같은 향

포도당과 각각의 아미노산을 100℃에서 가열하면 위의 표와 같은 향이 생성된다. 식재료는 수많은 종류의 아미노산을 함유하고 있기 때문에 향은 복잡해진다.

※ 『마이야르 반응과 풍미의 생성』 오쿠무라 조지, 일본양조협회지 88권 3호(1993)

Q 훈연하면 왜 향이 달라질까?

> 향이 있는 식물을 태운 연기에는
> 향분자도 함유되어 있다.

「퍼퓸」은 현재 향수를 의미하지만, 어원은 「Per
Fumum(연기를 통해서)」이라는 라틴어로 거슬러 올
라간다. 나뭇가지와 잎, 수지에 함유된 향분자가 불
을 피우면 연기의 일부가 되어 피어오른다. 예로부터
사람들은 이처럼 향이 풍부한 연기에서 신비한 힘을
느끼고, 종교의식이나 질병을 치료하는 데 사용해왔
다. 현대의 사람들이 이야기하는 진정작용이나 항균
작용을 식물의 「연기」에서 발견한 것이다.
연기를 사용해 「훈연」하는 가열조리법은 원래 신선
식품의 보존성을 높이기 위해 시작되었다. 훈연에는

목재(칩 등)가 사용되는데, 각종 목재의 향은 완성도
에 큰 영향을 준다. 벚나무는 다소 강하고 좋은 향으
로 지방이 많은 식재료와 잘 어울린다. 사과나무에는
부드럽고 달콤한 향이 있어 생선 등 담백한 식재료와
잘 어울린다. 호두나무나 졸참나무는 향이 부드러워
다양한 식재료에 사용할 수 있다.
목재(훈연재)에서 나오는 연기에는 유기산, 페놀류,
카르보닐 화합물 등이 함유되어 있어서, 이것으로 식
재료를 훈연하면 스모키한 풍미가 생기고 방부 효과
도 기대할 수 있다.
하지만 최근에는 훈연조리법의 보존성보다 기호성이
중시되어, 풍미나 식감을 즐기기 위한 목적이 더 크
다. 아래 레시피에서 소개한 해산물 숯불구이에서도,
향을 즐기기 위해 솔잎을 사용했다.

「훈연」으로 향을 내는 레시피

만들어
봅시다

어린 솔잎으로 훈연한 해산물 구이

재료(2인분)
가리비 관자 ······ 2개
새우(머리째) ······ 2마리(등쪽 내장 제거)
하룻밤 말린 오징어 ······ 1마리(칼집 넣은)
소금 ······ 적당량
숯 ······ 적당량
어린 솔잎 ······ 적당량

만드는 방법
1 가리비 관자, 새우, 하룻밤 말린 오징어에 소금을 뿌린다. 불을 붙
인 숯을 그릴에 넣고, 석쇠 위에 재료를 올려서 한쪽 면을 구운 다음
뒤집는다.
2 1의 숯 위에 솔잎을 올리고 뚜껑을 덮는다. 익으면 마무리한다.
※ 솔잎에 불꽃이 옮겨 붙지 않도록 주의한다.

어린 솔잎의 향이 연기를 통해 해산물의 비린내를 없애준다.
바베큐 등에 알맞은 메뉴.

3 향을 추출하는 방법

유지류 × 향

유지류는 식재료에 깊은 맛과 윤기를 더해주고 고온으로 가열할 수 있게 해주는 등,

기능적으로도 요리에 도움이 되는 재료이지만, 향과 풍미로 맛에도 도움이 된다.

무엇보다 유지류 자체의 향이 요리에 풍미를 더해준다.

뿐만 아니라 유지류는 오래전부터 다른 식재료의 「향을 녹이는 용매」로 이용되어 왔

다. 향분자는 대부분 친유성(소수성)이기 때문이다.

여기서는 유지류 이용과 관련된 「향」에 대해 알아본다.

올리브오일, 참기름 등
유지류에는 각각 고유의 향이 있지만,
허브의 향을 녹여낼 수 있는 것도
유지류의 장점입니다.

체험실습 ⑤

향은 유지류에 잘 녹는다

갈릭오일을 만들어보자

준비

올리브오일 100㎖
마늘 1쪽(2등분)

과정

1 밀폐용기에 올리브오일 100㎖를 넣는다.

2 마늘 1쪽을 넣는다.

3 약 1주일 뒤에 안에 있는 마늘을 꺼낸다.

4 올리브오일의 향을 맡아본다.

결과

오일에 마늘향이 밴 것을 알 수 있다.
식재료에 함유된 향분자는 대부분 「친유성」이어서 유지류에 잘 녹는다.

★ 「식물성오일의 향」 × 「허브, 향신료의 향」의 조합으로 다양한 풍미의 오일을 만들어보자.

Q 향은 정말 오일에 잘 녹을까?

**식물의 향분자는 대부분 「친유성」이어서,
물보다 유지류에 잘 녹는다.**

식물성오일에는 각각의 원료에서 유래된 고유의 향이 있지만, 다른 재료의 향을 우려내는 데도 사용할 수 있다. 유지류에는 향분자를 녹이는 성질이 있기 때문이다.

음식의 향분자는 오일에 녹기 쉬운 친유성(지용성) 성질을 가진 것이 많다. 반대로 물에 잘 녹는 친수성 향분자는 적다. 식물성오일은 허브, 향신료, 조미료 등의 향을 녹여서 보관하고 요리에 활용할 수 있게 해주는 편리한 재료이다.

오일이 어느 정도로 향분자를 잘 보존하는지 알아본 실험을 소개한다. 마늘향을 구성하는 향분자 「알리신」의 예부터 시작한다.

마늘향 실험

으깬 마늘을 물에 넣고 10분 동안 가열한 경우, 물에서 알리신이 검출되지 않는다. 10분 사이에 공기 중으로 휘발되기 때문이다. 그런데 10~15%의 오일을 넣고 가열한 경우에는 1시간 동안 끓인 뒤에도 상당한 양의 알리신이 액체 속에 남아 있었다. 그리고 오일의 양이 많을수록 남아 있는 알리신의 양도 많아지는 것으로 조사되었다. 알리신이 오일에 녹아 공기와 접촉하지 못했기 때문이다.

시즈닝오일

오일이 향을 녹여 보존하는 성질을 살려서 만든 조미료가 있다. 「시즈닝오일」이다. 가열한 오일에 향이 있는 식재료를 넣고 향분자를 추출해서 만든다.

라유는 잘 알려진 시즈닝오일 중 하나이다. 라유는 가열한 유채유에 고추, 대파, 생강 등의 향을 녹여서 만든다. 또는 상온의 오일에 재료를 넣은 뒤, 얼마 동안 그대로 두고 우려내는 방법도 있다.

재스민향을 오일에 옮긴다

음식 분야에서 벗어난 주제이지만, 향분자의 친유성 성질은 향료를 채취하는 기술로도 이용되어 왔다.

과거에는 재스민꽃에서 향료를 얻기 위해 쇠기름이나 돼지기름 등의 동물성오일을 사용했다. 동물성오일을 유리판에 얇게 바른 뒤, 그 위에 꽃을 가지런히 놓고 얼마 동안 두면 향분자가 오일로 이동한다. 꽃을 여러 번 교체해서 향을 많이 함유한 오일을 만들고, 그 오일을 처리해서 향료를 얻는다. 예전에는 이렇듯 매우 번거로운 방법으로 귀중한 향료를 얻었다.

> 오일에 잘 녹는
> 향의 성질은 여러 곳에서
> 활용되고 있어요.

Q 올리브오일 자체에도 좋은 향이 있다?

식물성오일 자체의 향도 중요하다.
요리의 풍미에 큰 영향을 준다.

식물에서 얻은 오일에는 원료 자체의 은은한 향이 있으며, 이것도 요리의 완성도와 관계가 있다. 오일로서의 용도 외에, 풍미를 만드는 역할도 하고 있다.
식물성오일의 향이 특정한 식문화 지역의 요리에 특징과 가치를 부여하는 예로 올리브오일을 살펴보자.

「풍미의 원리」와 올리브오일
올리브오일은 지중해 연안 국가들의 향토음식에 필수적인 식물성오일이다. 국제적인 푸드저널리스트 엘리자베스 로진의 저서 『Ethnic Cuisine』에 나와 있는 「Flavor Principles(풍미의 원리)」에도 올리브오일이 각종 허브나 향신료 등과 섞여서 풍미를 만들어내

는 재료라고 기재되어 있다.
「풍미의 원리」에서는 재미있게도 각 나라 요리의 특징이나 독자성이, 몇 가지 풍미 요소를 조합하여 만들어진다고 설명한다. 혼합된 그 풍미야말로 식문화권의 상징적인 가치이자 문화적 표식이라는 것이다.
예를 들어, 「어간장×레몬」이라는 향의 혼합은 베트남요리 특유의 풍미를 만든다. 또한 「마늘×커민×민트」는 북아프리카요리 특유의 풍미를 만든다. 참고로 일본요리의 독특한 풍미를 만드는 것은 「간장×사케×설탕」이라고 되어 있다.
「풍미의 원리」에서 올리브오일은 유럽의 여러 식문화권의 풍미를 만드는 데 사용되고 있다. 아래의 표는 이러한 풍미의 조합과 식문화권을 정리한 것이다. 그리스, 이탈리아, 프랑스, 스페인 등 유명 올리브오일 생산지역의 사람들에게, 이 식물성오일은 요리에 꼭 필요한 고향의 풍미라고 할 수 있다.

엘리자베스 로진의 「풍미의 원리」_ 올리브오일이 중요한 식문화권

풍미의 조합	식문화권
올리브오일 × 마늘 × (파슬리 or/and 안초비)	이탈리아 남부 요리 프랑스 남부 요리
올리브오일 × 마늘 × 바질	이탈리아요리 프랑스요리
올리브오일 × 타임 × 로즈메리 × 마조람 × 세이지	프로방스요리
올리브오일 × 마늘 × 견과류	스페인요리
올리브오일 × 양파 × 후추 × 토마토	스페인요리
올리브오일 × 레몬 × 오레가노	그리스요리

올리브오일의 풍미는 이들 식문화권의 특징 및 독자성을 지탱해주는 중요한 요소이다.

Q 지방은 왜 맛있을까?

> 맛을 강하게 해주며,
> 생리적으로도 요구되는 열량이 큰 재료이다.

지방을 많이 함유한 씨와 열매는 옛 조상들에게도 귀중한 영양원이었다. 호두, 아몬드, 호박씨, 올리브나 아보카도 등의 열매를 압착해서 얻은 식물성오일은 열량(kcal)이 큰 식재료로 중요하게 사용되어 왔다.

지방을 느끼는 수용체
요리에 오일을 넣으면 맛이 진해지지만 사실 순수한 오일은 무미무취이다. 지금까지는 입안의 미각이 지방을 텍스처로 느끼는 것 뿐이라고 알려져 있었다. 그러나 최근 맛이 없는 무미라고 알려졌던 지방의 존재를 느끼는 수용체가 사람의 입안에 있다는 것이 밝혀졌다.

생각해보면 사람의 「생리적 요구」와 맛을 느끼는 방식에 관계가 있다면, 열량이 큰 재료에 대해 민감한 것은 생물로서 당연할지도 모른다.

지방 「중독」
다이어트 중인 사람에게는 곤란한 문제이지만, 지방에는 「사람이나 동물을 중독시키는 매력이 있다」라는 보고가 있다. 지방을 섭취하는 데 익숙해진 동물은 점점 강한 섭식의욕에 사로잡히게 된다. 생리적 요구라기보다 「더 많이 섭취하고 싶다」라는 집착 같은 반응의 형성은 다소 두려운 일이다.

사람에게 매우 매력적인 지방이지만 지나치게 많이 섭취하지 않도록 주의하면서, 요리에 잘 사용해보자.

Q 식물성오일을 고를 때 체크포인트는?

> 먼저 「지방산」의 종류를 체크.
> 비타민이나 향분자 등 미량성분도 체크.

올리브오일, 참기름, 해바라기유 등 시중에서는 각종 식물성오일을 판매하는데, 무엇을 선택해야 할까? 차이점은 무엇일까? 요리를 시작하기 전에 먼저 확인해보자.

지방산의 종류
첫 번째 체크포인트는 「지방산」의 종류이다. 식물성오일의 대부분은 「트리글리세리드(Triglyceride)」라고 불리는 분자로 구성되어 있다. 이것은 「글리세린(Glycerin)」과 「3개의 지방산」이 결합한 것이다. 글리세린은 공통이지만, 지방산은 여러 종류가 있다. 따라서 각 식물성오일의 특성을 파악하기 위해서는, 먼저 이 지방산의 종류를 알아보는 것이 좋다. 지방산은 종류에 따라 몸속에서 다르게 작용하며, 또한 가열에 의한 산화하기 쉬운 정도도 다르기 때문이다.

향분자 등의 미량성분
두 번째 체크포인트는 함유된 미량성분의 차이다. 향분자, 색소, 비타민류 등의 미량성분이 각 식물의 향과 색 등의 특징을 결정한다. 요리에서는 영양학적인 장점뿐 아니라 색과 향도 중요한 요소이다. 식물성오일의 개성을 파악하고 잘 살려보자.

Q 산화취가 잘 생기지 않는 식물성오일이 있을까?

> 「1가불포화지방산」이 많은
> 식물성오일을 고른다.

식물성오일을 이용할 때 주의할 점은 산화와 냄새 변화의 문제이다. 오일은 오래 저장하거나 가열조리할 경우 산화가 진행되어 특유의 냄새가 난다. 산화한 오일은 음식의 맛을 손상시킬 뿐 아니라, 건강에도 나쁜 영향을 주므로 주의가 필요하다. 구입한 뒤에는 산화를 막기 위해 서늘하고 어두운 곳에 보관하고, 가능한 한 빨리 사용해야 한다.

식물성오일을 선택할 때는 쉽게 산화하는 오일과 쉽게 산화하지 않는 오일을 구분해서, 용도에 맞게 사용하는 것도 중요하다. 식물성오일의 산화를 이해하기 위해 조금 더 자세히 지방의 구성에 대해 설명한다.

지방의 구성

식물성오일은 「글리세린」과 3개의 「지방산」이 결합된 트리글리세리드 분자로 구성되어 있다. 이 지방산의 종류에 주목하면 쉽게 산화하는 오일이 어떤 것인지 알 수 있다. 지방산의 분류는 아래 표를 참조한다.

지방산은 포화지방산, 불포화지방산(1가·2가·3가)으로 분류한다. 이들을 구별하는 것은 이중결합의 수이다. 지방산의 분자는 탄소(C)가 사슬모양으로 연결된 형태인데, 탄소와 탄소의 결합 부분이 이중결합이면 그 부분은 산소와 쉽게 결합한다.

이중결합이 없는 지방산은 포화지방산이다. 이는 쉽게 산화하지 않는 안정된 지방산이라고 할 수 있다. 이중결합이 1개이면 1가불포화지방산, 이중결합이 2개라면 2가불포화지방산이며, 가수가 늘어날수록 산화하기 쉽다.

하지만 유지류 중에서도 식물성오일의 경우에는 포화지방산을 많이 함유한 것이 별로 없다. 따라서 식물성오일을 선택할 때는 현실적으로 1가불포화지방산을 많이 함유한 것이 잘 산화하지 않는 오일이라고 생각하면 된다(참고로 코코넛오일은 식물성오일이지만 포화지방산을 많이 함유한 오일이다).

1가불포화지방산 중 올레산(Oleic acid)과 팔미톨레산(Palmitoleic acid)을 함유하는 것은 올리브오일이나 동백오일인데, 비교적 잘 산화하지 않고 가열조리에도 사용하기 좋다.

필수지방산과 산화

또한, 2가불포화지방산에는 리놀레산(Linol acid), 3가불포화지방산에는 α-리놀렌산(α-Linolenic acid)이 있다. 이들은 1가에 비해 산화하기 쉬운 지방산이다. 예를 들면, 홍화유는 리놀레산을 많이 함유하고 참기름은 α-리놀렌산을 많이 함유하므로, 저온에서 사용하고 가능한 한 빨리 사용한다.

다만, 이들 지방산은 인체에서 만들 수 없는 지방산이기에 필요량을 식품으로 섭취해야 한다. 영양학에서는 「필수지방산」이라고 한다.

식물성오일에 함유된 지방산의 예

포화지방산	1가불포화지방산	2가불포화지방산	3가불포화지방산
카프릴산 팔미트산 스테아르산	올레산 팔미톨레산	리놀레산	α-리놀렌산 γ-리놀렌산

함유 지방산의 종류를 보면 식물성오일의 특성을 알 수 있다. 포화지방산이나 1가불포화지방산은 쉽게 산화하지 않는다.

올리브오일을 사용해보자

지중해지역의 식문화에서 빼놓을 수 없는 식물성오일로, 산지마다 향에 차이가 있다.

물푸레나무과의 올리브나무는 6000년 전부터 재배되었다고 추정한다. 열매에서 오일을 짜는 압착기에 대한 가장 오래된 묘사는 기원전 2500년 이집트에까지 거슬러 올라간다. 식재료 외에도 약용, 화장용, 의례용, 연료용 등으로 오래전부터 이용되었다.

올레산이 풍부(약 75%)하고 클로로필을 함유하여 황록색~연두색을 띠는 오일이다. 스페인, 그리스, 이탈리아를 비롯한 지중해 연안 국가들을 중심으로 생산되며, 산지마다 향에 차이가 있으므로 테이스팅해보고 궁합이 잘 맞는 식재료를 선택하는 것이 좋다. 국제올리브협회에서는 오일 품질을 산도 등의 기준으로 엄밀히 분류하고 있으며, 풍미를 「Fruity(과일의 성숙도)」, 「Bitter(쓴맛)」, 「Pungent(매콤한 맛)」 기준으로 평가한다.

향의 응용

지중해 연안, 프랑스 남부 프로방스의 상징이라 할 수 있는 올리브오일과 라벤더를 섞어보자. 또한 고급 올리브오일의 휘발성분에는 「초록잎휘발성물질」(→ p.37 참조)의 일부도 함유되어 있어, 차의 산뜻한 향과도 잘 어울린다.

레시피 1

남프랑스풍 라벤더 & 올리브오일

재료_ 올리브오일 250㎖, 라벤더 5~10줄기
만드는 방법_ 라벤더 꽃과 줄기를 병에 넣고 올리브오일을 붓는다. 2주일 정도 서늘하고 그늘진 곳에 둔다. 램 등의 고기를 요리할 때 사용한다.
※ 라벤더가 오일에 완전히 잠기지 않으면 곰팡이가 생기므로 주의.

레시피 2

맛차 & 올리브오일 소스

재료_ 올리브오일 3큰술, 맛차파우더 3작은술, 레몬즙 4작은술, 소금 적당량
만드는 방법_ 올리브오일, 맛차파우더, 레몬즙을 믹서에 넣고 섞는다. 소금으로 간을 하고, 생선 소테 등 해산물 요리에 사용한다.

「올리브오일」로 향을 끌어내는 레시피

만들어
봅시다

양고기 로스트

재료(2인분)
램 등심(뼈째) …… 4대 분량
소금 …… 1작은술
검은 후추 …… 조금
올리브오일 …… 2큰술
닭육수 …… 300㎖
소금 …… 적당량
옥수수 …… 1/2개(삶아서 굽고 칼로 알갱이를 벗겨낸)
후시미고추(매운 맛이 없는 교토산 고추) …… 2개(구운)
라벤더 & 올리브오일(레시피1 참조) …… 적당량

매시트포테이토
감자 …… 240g(껍질을 벗겨 한입크기로 자른)
우유 …… 200㎖
버터 …… 15g
소금 …… 적당량

만드는 방법
1 매시트포테이토를 만든다. 끓는 소금물에 감자를 삶은 뒤 물을 따라내고 우유와 버터를 넣어 한소끔 끓인다. 푸드프로세서에 넣어 갈고 소금으로 간을 한다.
2 양고기에 소금과 후추를 뿌리고 올리브오일을 두른 프라이팬에 지방쪽이 아래로 가도록 올려서 굽는다. 뜨거운 올리브오일을 끼얹으면서 굽는다. 망 위에 올리고 알루미늄포일을 덮어둔다.
3 소스를 만든다. 프라이팬의 오일을 닦아내고 닭육수를 넣어 졸인 뒤 소금으로 간을 한다.
4 2의 양고기를 반으로 잘라 접시에 담는다. 매시트포테이토, 옥수수, 후시미고추, 소스를 순서대로 담고, 마무리로 라벤더 & 올리브오일을 두른다.

양고기는 재료의 맛을 살려서 심플하게 요리한다.
마무리는 산뜻한 향의 라벤더 & 올리브오일로 악센트를 준다.

아보카도오일

녹나무과의 늘푸른나무 아보카도나무는 중남미에서 오래전부터 이용해온 식물이다. 고고학적 발굴에 의하면 기원전 7800년에는 이미 아스테카인들이 아보카도나무를 재배했다고 하며, 15세기 스페인 사람에 의해 유럽에 도입되었다. 지방과 단백질이 풍부한 아보카도 열매는 「숲의 버터」라고 불린다.

과육에서 짜내는 아보카도오일은 멕시코, 도미니카, 페루 등 중남미에서 많이 생산된다. 뉴질랜드산 중에도 질 좋은 아보카도오일이 있다.

과육을 냉간압착하여 얻는 아보카도오일은 올레산(Oleic acid)을 많이 함유하고 있으며(약 70%), 또한 비타민 E와 비타민 A 등이 풍부하다고 한다. 야생동물의 고기 등 지방이 적은 고기를 요리할 때 사용하면 맛을 잘 살려준다.

향의 응용

아보카도의 고향 중미·멕시코는 라임 생산국이기도 하다. 부드럽고 진한 아보카도오일에 라임으로 악센트를 더해보자. 또한 아보카도오일은 고수의 개성적인 향과도 잘 어울린다.

레시피 1

라임 & 아보카도오일

재료_ 아보카도오일 250㎖, 라임 1개
만드는 방법_ 세로로 8등분한 라임을 병에 넣고 오일을 부어서 2주 정도 둔다. 라임을 꺼낸다.

※ 소금으로 간을 해서 슬라이스한 토마토에 뿌려서 먹는다.

레시피 2

고수 & 아보카도오일

재료_ 아보카도오일 250㎖, 고수(전체) 2줄기, 마늘 1쪽, 고추 3~4개
만드는 방법_ 1㎝ 길이로 자른 고수, 마늘, 고추에 아보카도오일을 붓는다. 다음날부터 사용할 수 있다.

※ 레몬즙을 섞어서 해산물이나 채소 샐러드에 뿌려서 먹는다.

마카다미아오일

프로테아과의 늘푸른나무 마카다미아나무는 호주 원산의 식물로 퀸즐랜드주 남부, 뉴사우스웨일스주 북부에 자생한다. 호주 원주민 애보리진은 이 나무에서 얻은 마카다미아 너트를 귀중한 식량으로 삼아, 선물하거나 부족간 거래에도 이용했다. 19세기 중반 유럽인들에게 발견되어, 이후 19세기 후반 사탕수수밭의 방풍림용 나무로 하와이에 소개되었다. 현재는 호주와 하와이가 주요 생산지이다.

마카다미아 너트에서 추출한 오일에 함유된 주요 지방산은 올레산(약 60%)인데, 그 외에 1가불포화지방산으로 사람의 피지성분에도 있는 팔미톨레산(Palmitoleic acid)이 20% 정도 함유된다. 맛은 담백하며, 정제하지 않은 것은 달콤하고 부드러운 향이다.

향의 응용

마카다미아와 같은 호주 원산의 레몬 머틀(Lemon Myrtle)은 레몬향이 나는 허브이다. 또한 원주민 애보리진이 오래전부터 식용한 와틀시드(Wattleseed)는 커피나 초콜릿 같은 향이 매력적인 향신료이다. 모두 마카다미아의 달콤하고 부드러운 향과 궁합이 잘 맞는다.

레시피 1

레몬 머틀 & 마카다미아오일

재료_ 마카다미아오일 100㎖, 레몬 머틀(말린) 1큰술
만드는 방법_ 레몬 머틀을 병에 담고 마카다미아오일을 붓는다. 1주일 정도 서늘하고 그늘진 곳에 둔다.

※ 고기나 생선을 마리네이드할 때 사용한다.

레시피 2

와틀시드 & 마카다미아오일

재료_ 마카다미아오일 30㎖, 와틀시드 5g
만드는 방법_ 와틀시드를 병에 담고 마카다미아오일을 붓는다. 1주일 정도 서늘하고 그늘진 곳에 둔다.

※ 스콘이나 과자를 만들 때 사용한다.

참기름

참깨과의 한해살이풀 참깨의 재배는, 기원전 3000년 이전에 아프리카의 사반나 농경문화에서 시작되었다고 추정한다. 참깨(씨앗)는 4대 고대문명에서 귀중한 식품으로 이용되었으며 전 세계로 전파되었다. 현재 주요 생산국은 미얀마, 중국, 인도, 아프리카의 여러 나라이다.

참깨(씨앗)에서 얻을 수 있는 오일은 2가지 종류인데, 「생참기름」(말린 씨앗을 볶지 않고 짠 기름. 거의 무색투명하고 향이 강하지 않다)과 「볶은 참기름」(씨앗을 볶은 뒤 짠 기름. 갈색을 띠며 고소한 향이 난다)이 시판되고 있어, 용도에 따라 구분해 사용한다.

생참깨(씨앗) 자체는 향이 약한데 볶으면 특유의 고소한 향이 생긴다. 리놀레산(Linoleic acid)과 올레산을 균형 있게 많이 함유한 오일로, 항산화물질이 있어 보존성이 뛰어나다.

향의 응용

참기름에 파의 향이 배어들게 만든 파참기름은 볶음, 무침, 토핑 등에 폭넓게 이용할 수 있다.

레시피 1

파참기름

재료_ 생참기름 200㎖, 대파 1줄기, 생강 1쪽

만드는 방법_ 1㎝ 길이로 자른 대파와 슬라이스한 생강을 냄비에 넣고 참기름을 부어 130~150℃를 유지하면서 가열한다. 파가 옅은 갈색이 될 때까지 20분 정도 가열한다. 식으면 체에 걸러서 밀폐용 유리병에 옮겨 담는다.

참기름 가글로 미각을 향상시킨다

인도의 전승의학 아유르베다(Ayurveda)에서는 입안을 건강하게 만들고 미각을 향상시키기 위해, 날마다 습관적으로 생참기름을 이용해 가글을 하도록 권장한다. 입안이 2/3 정도 차도록 생참기름을 머금고, 15분 동안 중간중간 부글부글 입을 움직여 가글을 한다. 끝나면 끓인 물로 입안을 헹군다.

호박씨오일

박과의 호박은 아메리카 대륙 원산으로 8000년 이상 이전부터 재배되었다고 추정한다. 현재는 전 세계에서 재배되고 있으며, 과육뿐 아니라 비타민과 미네랄이 풍부한 씨도 식용한다.

페포호박의 씨를 압착해서 짜내는 짙은 녹색의 호박씨오일은 진하고 달콤한 향이 있다. 다가불포화지방산인 리놀레산, α-리놀렌산(α-linolenic acid)을 많이 함유하고 있어 산화하기 쉬우므로, 개봉한 뒤에는 냉장고에 보관하고 되도록 빨리 사용해야 한다. 가열하지 않고 그대로 수프에 넣거나 샐러드에 뿌려서 먹는 것이 좋다.

유럽에서는 대중적인 오일로, 특히 오스트리아의 슈타이어마르크에서 생산된 호박씨오일이 유명하다.

향의 응용

깊은 색과 깊은 맛, 달콤한 향이 특징인 호박씨오일은 아이스크림 등의 디저트에 그대로 뿌려서 먹어도 좋다. 발사믹식초와도 궁합이 잘 맞는다.

레시피 1

시나몬 & 호박씨오일

재료_ 호박씨오일 100㎖, 시나몬스틱 1개

만드는 방법_ 시나몬스틱을 갈라서 병에 담고 오일을 붓는다. 2주일 정도 서늘하고 그늘진 곳에 둔다. 시나몬스틱을 건져낸다.

※ 아이스크림에 뿌리거나 꿀과 함께 요구르트에 뿌려서 먹는다.

레시피 2

검은 후추 & 호박씨오일

재료_ 호박씨오일 100㎖, 검은 후추 5~10알

만드는 방법_ 검은 후추를 병에 담고 호박씨오일을 붓는다. 2주일 정도 서늘하고 그늘진 곳에 둔다. 검은 후추를 건져낸다.

※ 발사믹식초, 소금과 섞어서 드레싱을 만든다.

동백오일을 사용해보자

**동백나무 씨를 짜서 채취한 오일로
쉽게 산화하지 않아 튀김용으로 적당하다.**

차나뭇과의 늘푸른나무 동백나무는 한국의 남부지방과 일본의 혼슈~시코쿠, 규슈 지역에서 자생한다. 일본의 경우 야요이시대 중기의 유적에서 열매 속 씨가 출토되었고, 헤이안시대 초기에는 규슈·산인 각지에서 동백오일을 세금으로 공납했는데, 이 시기에는 요리용 오일로 사용된 기록은 없고 등잔불, 녹 방지, 머리 손질용으로 사용했다.

에도시대에는 가이바라 에키겐(에도시대의 생약학자, 유학자)이 쓴 『야마토혼조[大和本草]』에 「호사가들이 동백나무 씨에서 기름을 짜 여러 식품을 넣고 끓여서 먹는다」라는 기록이 있다. 튀김요리가 다양해진 에도 후기에는 튀김옷을 입혀서 튀긴 덴푸라도 유행하기 시작했는데, 동백오일로 튀긴 귀한 튀김을 「긴푸라[金ぷら]」라고 불렀다고 한다. 동백나무 씨를 압착해서 짜낸 오일은 올레산(Oleic acid)이 85% 이상 함유되어 있어 쉽게 산화하지 않기 때문에, 식물성오일 중에서는 가열에 적합한 오일이다.

한국에서는 옛날부터 동백오일을 부녀자들이 머리를 치장하는 기름으로 많이 썼는데 지금은 거의 사용하지 않으며, 제주도와 남해안 등에서 소량 생산된다.

향의 응용

이즈제도의 도시마는 일본에서 동백오일을 가장 많이 생산하는 지역이다. 동백오일에 도시마 특산물인 신선초의 향을 옮겨서 요리에 활용해보자. 신선초는 이즈제도 중 이즈칠도부터 기이반도에 걸쳐 분포하는 미나리과 허브로, 칼콘(Chalcone)과 쿠마린(Coumarin) 성분이 풍부한 것이 특징이다. 다양한 생리활성작용이 있다고 알려져 있다.

［레시피 1］

신선초 × 동백오일

재료_ 동백오일 100㎖, 신선초 30g, 마늘 1쪽
만드는 방법_ 신선초와 마늘을 다진다. 병에 담고 동백유를 붓는다. 며칠 동안 서늘하고 그늘진 곳에 둔다.
※ 식초, 소금과 섞어서 드레싱으로 사용한다.

고토열도의 「가타시」

나가사키현의 고토열도 역시 유명한 동백오일 산지이다. 이 지역에서는 동백나무 열매를 「가타시」라고 부르며, 기념일에는 가타시 오일로 다양한 튀김을 만들어 먹는다. 또한 「고토 데노베우동(손으로 늘려서 뽑는 우동면)」을 만들 때도 반죽을 가늘고 길게 늘리기 위해 가타시 오일을 사용한다.

「동백오일」로 향을 끌어내는 레시피

만들어
봅시다

새우튀김

재료(4인분)

새우(머리째) …… 12마리	튀김옷
소금 …… 조금	박력분 …… 50g
박력분 …… 적당량	맥주 …… 50㎖
동백오일 …… 적당량	달걀 …… 1개
	소금 …… 1/3작은술

만드는 방법
1 새우의 등쪽 내장을 제거하고 머리를 떼어낸다. 꼬리 끝부분은 남긴 채로 껍질을 벗기고 꼬치를 꽂는다.
2 튀김옷을 만든다. 달걀을 곱게 풀고 나머지 재료를 넣어서 살짝 섞는다.
3 새우에 소금을 뿌리고 박력분을 묻힌 뒤, 튀김옷을 입혀서 180℃로 가열한 동백오일에 넣고 튀긴다. 머리는 튀김옷을 입히지 않고, 그대로 튀겨서 소금을 뿌린다.

고급스러운 동백오일로 튀겨서 풍미가 좋은「긴푸라」.
쉽게 산화하지 않아서 섬세한 향을 즐길 수 있다.

술 ✕ 향

사람들이 술의 원료로 삼은 것은 각 지역에서 쉽게 구할 수 있는 과일, 꿀, 곡물 등이다. 원료의 향이 살아 있는 양조주는 식문화를 풍부하게 만들었다. 더 나아가 사람들은 증류기술을 익혀서 알코올 농도가 높은 증류주를 만들기 시작했다.

또한 알코올에는 향분자를 녹이는 성질이 있어서, 술에 허브나 과일을 담가 향이 배어든 술도 즐기게 되었다. 향분자 중에는 건강에 도움이 되는 것이 많기 때문에, 술은 역사적으로 약주나 향료, 화장품의 베이스로도 사용되어 왔다.

여기서는 향기로운 식탁을 위해 술을 이용하는 방법을 알아본다.

세계 각지에서 증류주에
식물의 향을 녹여서
이용해왔습니다.

향은 알코올에 잘 녹는다

증류주에 추출된 「민트향」을 느껴보자

준 비

밀폐용 유리병
보드카 100㎖
생민트* 2~3줄기

＊ 페퍼민트나 스페어민트 등

과 정

1 밀폐용 유리병에 민트를 담는다.

2 보드카 100㎖를 붓는다(민트가 모두 잠기게 붓는다).

3 3~4주 정도 뒤에 민트를 건져낸다.

결 과

보드카에 민트의 산뜻한 향이 충분히 배어든 것을 알 수 있다.
알코올 농도가 높은 주류에 허브나 향신료를 넣으면 향분자를 쉽게 녹일 수 있다.

★ 보드카는 알코올 농도가 45도로 높기 때문에 주의해서 사용한다.

※ 허브 등을 증류주에 넣어 술을 만드는 것은 주세법상 술 제조에 해당한다. 개인적으로 만들어 즐기는 것은 예외이지만, 판매하면 안 된다.

Q 허브의 향과 기능성, 술에 녹일 수 있을까?

**술은 향분자를 녹이는 재료로,
다양하게 사용된다.**

향분자의 기능성

식물에 함유된 「향분자」를 살펴보면 좋은 향도 있지만, 사람의 건강에 도움이 되는 여러 기능도 많다. 예전부터 사람들은 이런 식물을 약처럼 이용해왔다.

요리에 사용하는 허브 중에도 기능성이 확인된 것이 많다. 예를 들어 생선요리 등에 사용하는 타임에는 티몰(Thymol)과 카바크롤(Carvacrol) 등의 향분자가 들어 있는데, 이들은 뛰어난 항산화성이 있다고 확인되었다.

향분자를 술에 녹인다

식물의 향분자나 유효 성분이 알코올에 잘 녹는다는 사실을 알게 된 사람들은, 유용한 허브나 향신료, 꽃이나 과일을 술에 담그기 시작했다. 성분을 침출시켜서 기호품이나 약초주로 애용한 것이다. 서양의 약초주 역사는 고대 그리스의 의성 히포크라테스까지 거슬러 올라간다.

수도원 문화와 약초주

중세 유럽의 수도원 문화에서도 약초주가 만들어졌다. 그중에는 현대까지 이어져온 전통도 있다.

프랑스 노르망디 지방 페캉의 베네딕트 수도원에서 1500년대부터 만들기 시작한 「베네딕틴(Benedictine)」이 대표적인 예이다. 증류주를 베이스로 27가지 약초(타임, 히솝, 레몬밤 등의 꿀풀과 허브, 시나몬, 메이스, 넛메그, 바닐라 등의 향신료, 레몬껍질 등)를 넣어서 만드는데, 당시에는 장수의 비약으로 여겨졌

다. 그 밖에 프랑스 수도원의 전통 약주 「샤르트뢰즈(Chartreuse)」도 유명하다. 130가지나 되는 약초가 사용되었다고 추정하는데, 레시피는 지금도 비밀이다.

또한 19세기 후반 프랑스에서 큰 인기를 끌었던, 침출주(담금주)로 압생트(Absinthe)가 있다. 쓴쑥(향쑥) 중심의 풍미와 색채가 고흐, 로트레크, 피카소 등의 예술가들를 매료시켰다. 그러나 쓴쑥에 함유된 「투욘(Thujone)」이라는 성분의 독성이 신경계에 영향을 준다고 해서, 20세기가 시작될 무렵에는 많은 나라에서 금지되었다. 훗날 압생트에 함유된 투욘은 그 양이 매우 적어서 문제가 없다고 밝혀져, 금지가 풀리고 인기를 회복했다.

동양의 약초주

한국이나 일본에서도 증류주에 약초를 넣어 향과 약효를 살리는 전통을 쉽게 찾아볼 수 있다. 건강에 관심이 많아 장수했던 일본의 도쿠가와 이에야스는 인동덩굴을 넣은 달콤한 향의 「인동주」를 즐겼다고 한다. 참고로 인동덩굴에는 해열과 이뇨 작용이 있다.

술에 보존된 향분자

이렇게 식물에서 분리한 향분자는 술이라는 액체 속에서 오랫동안 보존할 수 있다. 액체상태이기 때문에 요리, 음료, 약이나 화장수 등 다양한 용도로 이용할 수 있으며 다른 물질과 혼합할 수도 있다. 주류는 그 자체로 좋은 향이 있는 음료이자 조미료일 뿐 아니라, 귀한 식물의 향과 기능을 전달하기 위한 「용매」로도 유용했다.

또한 리큐어의 어원은 라틴어 「Liquefacere(물질을 녹이다)」로 용매로서의 술의 역할을 나타낸다.

Q 사람이 술의 향을 즐기기 시작한 것은 언제부터일까?

> **인류 문명 이전, 자연적으로 알코올 발효가 일어나면서 시작된 것으로 추정된다.**

알코올을 함유한 음료 술*은 효모 등의 미생물이 당분과 접촉하여 일어나는 「알코올 발효」에 의해 만들어진다. 그래서 사람이 처음 주류를 손에 넣게 된 것은 인류 문명 이전으로 추정된다.

와인을 예로 상상해보자. 아주 오래전 선조들이 식용으로 저장한 포도 열매가 있었다. 포도껍질에는 효모가 붙어 있어서, 열매가 우연히 으깨져 방치되는 상황이 되면 사람이 손대지 않아도 「발효」가 일어나 와인의 원형이 만들어질 가능성은 충분히 있다.

아마도 선조들은 발효로 만들어진 액체를 마시고 특별한 향과 맛, 그리고 이상하게 들뜨는 기분을 느꼈을 것이다.

포도 재배나 양조 기술을 연구한 역사가 축적된 현재는, 그때와는 비교할 수 없을 정도로 세련된 와인을 전 세계에서 즐길 수 있다. 물론 포도 이외의 친숙한 과일이나 꿀 등 당분을 함유한 원료도 세계 각지에서 양조주를 만드는 데 활용되고 있다. 또한 보리와 쌀 등 곡물에 함유된 전분을 당화시켜 알코올을 발효시키는 기술도 발전해왔다.

게다가 술은 음료로서 뿐 아니라 기능성과 향으로도 조리에 도움이 된다.

*주세법에서는 알코올을 1% 이상 함유한 음료를 주류로 정의한다.

Q 술에 들어 있는 「알코올」, 요리에 도움이 될까?

> **비린내를 줄이거나 허브향이 배어들게 하는 등, 다양하게 활용할 수 있다.**

주류에 공통적으로 함유된 성분 「에틸알코올」은 어떤 물질일까?

에틸알코올(C_2H_6O)은 에탄올, 또는 주정이라고도 한다. 지방에 잘 녹을 뿐 아니라 물에도 잘 녹는다. 술은 「알코올 음료」라고 불리는데, 이는 에탄올을 함유하고 있다는 것을 의미하며, 일반적으로 맥주에 약 5%, 와인에 약 13%, 사케에 약 15%가 함유되어 있다. 에탄올은 그 자체로 독특한 향을 지닌 물질이지만, 조리할 때는 다른 기능이 완성 향의 개선과 향상에 도움을 준다. 요리의 향·풍미와 관련된 에탄올의 성질을 오른쪽에 정리하였다.

① 미생물의 번식을 억제한다.
… 식품의 보존성을 높인다.
→ 생선의 비린내나 부패한 냄새를 막는다.

② 함께 증발하는 효과가 있다.
… 알코올이 증발할 때 다른 냄새도 함께 날아간다.
→ 가열조리할 때 넣으면 생선 비린내가 약해진다.

③ 향성분을 쉽게 녹일 수 있다.
… 친수성, 친유성인 향성분을 녹인다.
→ 주류에 허브나 향신료 등을 넣으면 재료에서 향이 녹아 나온다.

④ 아세트산균에 의해 식초가 된다.
… 아세트산균의 작용으로 아세트산으로 바뀐다.
→ 보존방법 및 기간에 주의해야 한다.

Q 술의 향은 어떻게 생길까?

> 원료의 향, 발효할 때의 향, 숙성시킬 때의
> 향이 녹아서 하나로 섞인 것이다.

에탄올이라는 공통점이 있지만, 세계 각지의 유명한 술을 살펴보면 다양한 종류가 있다. 이러한 술의 맛과 향은 어떻게 만들어지는 것일까.

술맛을 만드는 성분

각각의 술에는 에탄올 이외에도 많은 성분이 함유되어 있다. 당류, 각종 유기산, 아미노산 등, 이들의 종류와 밸런스가 신맛, 단맛, 감칠맛의 베이스가 된다. 또한 발효로 생기는 고급 알코올류나 에스테르 등과 같은 미량의 향분자도 중요하다. 『술의 과학[酒の科学]』이라는 책의 저자는 「술에는 각각 고유의 향미가 있고, 술을 즐기는 것은 기분 좋은 취기와 함께 그 향미를 즐기는 것이다. 따라서 매력적인 술의 향미를 화학적으로 분석하여 밝혀내는 것은 술의 과학의 궁극적인 꿈이기도 하다」라고 썼다. 맥주에서 620종 이상, 와인에서 840종 이상, 위스키에서는 330종 이상의 향성분이 발견되었다. 향이 풍부한 증류주인 브랜디와 럼주는 음료로 마실 뿐 아니라, 요리를 마무리할 때 플랑베(불을 붙여 에틸알코올 성분을 날리고 필요한 향을 남기는 조리 방법)에 사용되기도 한다. 술이 비린내 제거나 마스킹에 사용될 뿐 아니라 좋은 향을 입히는 조미료로도 사용된다는 것을 보여주는 좋은 예이다.

술향의 유래

주류의 복잡한 향은 어떻게 생길까? 향분자의 유래는 크게 다음의 3가지로 볼 수 있다.
① 원료에서 유래한 향
② 발효할 때 (미생물의 작용으로) 생기는 향
③ 숙성 및 보존할 때 생기는 향
술을 만들 때 향과 풍미의 완성을 위해 필요한 것은 먼저 원료의 음미, 그리고 미생물의 활동에 필요한 조건의 조절, 숙성 및 보존할 때의 세심한 주의이다. 하지만 술의 종류에 따라 향의 전체적인 완성에 가장 많은 영향을 미치는 요소는 달라진다. 예를 들면 와인의 경우이다. 술의 질을 결정하는 요인의 80%가 원료에서 유래된다는 의견도 있는데, 향에 있어서도 포도의 품종이나 산지에 따라 달라지는 특징이 와인의 향에 큰 영향을 준다(화이트와인의 품종별 향성분 차이는 아래 표를 참조한다).
한편, 일본 청주의 경우 발효 단계에서 생긴 향분자가 완성된 청주의 전체적인 향에 큰 영향을 미친다.

포도 품종별로 비교한 화이트와인의 향성분

포도품종	와인의 특정 성분
게뷔르츠트라미너	옥타논산에틸, cis-로즈 옥사이드, 이소부티르산에틸, 핵사논산에틸, β-다마세논, 아이소아밀 아세테이트, 와인락톤
리슬링	2-비닐-테트라하이드로퓨란-5-온, 2-(메틸머캅토)에탄올, 헥사논산에틸, 뷰티르산에틸, 에틸 2-메틸뷰타노에이트, β-다마세논, 아이소아밀 아세테이트, 리날로올, 2-페닐에탄올
샤르도네	β-다마세논, 2-페닐에탄올, 2-(메틸머캅토)에탄올, 4-비닐과이어콜, 바닐린, 다이아세틸, 계피산에틸, 헥사논산에틸, 뷰티르산에틸, 에틸 2-메틸뷰타노에이트

화이트와인의 향은 재료인 포도품종에 따라 크게 달라진다. 이노우에 시게하루의 『미생물과 향』에서 인용하여 작성.

Q 「증류」란?

**끓는점의 차이로 성분을 분리하는 것.
증류주나 향료를 얻는 데 이용하는 원리.**

와인이나 맥주 등의 양조주는 풍부한 향과 맛이 있지만, 술에 들어 있는 알코올의 기능을 깨달은 선조들은 알코올 농도가 더 높은 술을 만드는 방법을 찾아냈다. 그것이 바로 양조주를 증류하여 만드는 「증류주(Spirits)」이다.

증류의 원리는 기원전부터 알려져 있었으며, 헬레니즘 세계의 연금술에도 사용되었다. 중세 이슬람 세계에서는 기술과 사용법이 더욱 다듬어졌다.

증류의 원리

증류란 혼합물인 액체를 가열하여 발생한 증기를 냉각시켜 다시 액체로 만드는 작업으로, 끓는점의 차이에 따라 성분을 분리할 수 있다.

예를 들어, 양조한 술을 가열하면 물보다 끓는점이 낮은 에틸알코올이나 대부분의 향분자가 먼저 기체가 된다. 이 기체를 모아 냉각시키면, 높은 농도의 에틸알코올과 향성분을 얻을 수 있다.

이렇게 해서 알코올 농도가 더 높고 보존성도 뛰어난 향기로운 액체를 만들 수 있게 되었다. 브랜디, 위스키, 소주 등의 증류주는 이 원리를 이용하여 만들어진다.

증류로 얻는 「향」

증류 기술이 주류 제조에만 도움이 된 것은 아니다. 가장 오래된 증류의 목적은 식물에서 향을 얻는 것이었다.

기원전 3500년경의 것으로 알려진 메소포타미아의 테페 가우라 유적에서 발굴된 증류기는, 식물에서 향분자를 모아 향료를 얻기 위해 사용한 것으로 보인다. 또한 키프로스섬에서는 2000년 전의 것으로 알려진 다수의 증류기, 나무통, 깔때기, 향수병 등이 발굴되어, 그곳이 고대의 향수제조공장이었다고 추정한다. 식물이 가진 각종 향물질은 휘발성이며, 가열에 의해 식물에서 분리된다. 증류라는 발상을 이용하여 사람들은 식물에서 귀중한 「향의 원료」를 추출한 것이다. 현재까지도 이 방법은 많은 종류의 꽃, 허브, 나무의 향물질 추출에 활용되고 있다.

증류의 원리를 이용한 향 추출은 PART 4 「물×향」(→ p.86 참조)에서 자세히 소개한다.

COLUMN

스카치 위스키를 맛있게 마시는 방법은 스트레이트? 미즈와리?

글라스에서 피어오르는 스카치 위스키 특유의 「향」을 즐기려면 「스트레이트로 마시기보다 적은 양의 물을 섞어서 마시는 것이 좋다」라는 2017년 스웨덴 연구팀의 보고서가 있다[*].

술은 「물」과 「에탄올」이 혼합된 상태이다. 연구팀은 이 혼합물에서 나오는 스모키향(향분자: 과이어콜, Guaiacol)의 작용 방식을 조사했는데, 물을 조금 섞어서 알코올 농도를 낮추면 액체 표면 가까이로 스모키향이 모이기 때문에 더 잘 느껴진다는 것이다.

[*] 「Dilution of whisky–the molecular perspective」 Björn C. G. Karlsson & Ran Friedman 네이처 사이언티픽 리포트(2017)

와인을 사용해보자

> **역사가 있는 양조주. 원료인 포도의 품종이나 생산지에 따라 향의 개성이 다양하다.**

와인은 포도과에 속하는 갈잎덩굴나무의 열매를 원료로 만든 양조주이다. 바빌로니아 시대에 쓰여진 길가메시 서사시에도 기술되어 있는데, 수천 년 전 서아시아부터 동지중해에 걸쳐서 활발히 양조되었다고 한다. 기원전 5~6세기 그리스에서 이미 요리용 조미료(향료)로 상용되었다. 로마제정시대에는 일종의 생선액젓인 가룸(Garum)에 와인을 섞은 조미료가 사용되었고, 중세에는 석쇠구이 생선의 와인조림, 고기나 양파 볶음 등의 요리에 널리 사용되었다.

스틸와인이라고 불리는 일반 와인에는 레드와인과 화이트와인이 있다. 향은 포도품종, 산지, 생육상태, 양조과정, 보존방법에 따라 다양하다. 그 밖에 2차 발효로 탄산가스를 발생시킨 스파클링와인도 있다.

향의 응용

독일의 글루바인(Glühwein, 향신료와인)은 레드와인에 향신료를 넣어 향과 효능을 살린 것이다.

또한 레드와인에 허브류를 넣어 탄닌에 의한 고기의 연화작용과 잡내제거는 물론, 풍미까지 살려주는 마리네이드액을 만들어서 고기요리에 사용해보자.

> **레시피 1**

핫 스파이스 와인

재료_ 레드와인 200㎖, 물 100㎖, 시나몬스틱 1개, 정향 2~3개, 감귤류 껍질 1조각, 자라메설탕(굵은 설탕) 적당량

만드는 방법_ 재료를 모두 냄비에 넣고 끓어오르지 않도록 천천히 가열한다. 따뜻할 때 마신다.

> **레시피 2**

레드와인을 넣은 허브 마리네이드이드액

재료_ 레드와인 180㎖, 허브류(로즈메리, 타임, 세이지, 주니퍼베리, 정향, 마늘, 양파, 당근, 셀러리 등)

만드는 방법_ 레드와인에 허브를 몇 시간 동안 담가둔다. 사슴고기나 소고기 등을 마리네이드이드액에 재웠다 굽는다.

「와인」으로 향을 살리는 레시피

만들어 봅시다

레드와인으로 마리네이드이드한 사슴고기 로스트

재료(4인분)

사슴고기 등심(덩어리) …… 1kg
　(지방, 힘줄, 자투리고기를
　제거하면 550~600g)
소금 …… 1작은술
검은 후추 …… 조금
버터 …… 5g
대파 …… 4줄기(소금을 뿌려
　올리브오일로 구운)

소스

올리브오일 …… 2큰술
닭육수 …… 600㎖
레드와인 …… 200㎖
　(충분히 졸인)
버터 …… 5g

마리네이드이드액

레드와인 …… 200㎖
타임 …… 4줄기
주니퍼베리 …… 12알
정향 …… 1개
월계수잎 …… 1장
마늘 …… 1쪽
　(껍질을 벗겨 2등분)
양파 …… 1/2개
　(2cm 깍둑썬)
당근 …… 1/2개
　(2cm 깍둑썬)
셀러리 …… 1/3줄기
　(2cm 깍둑썬)

만드는 방법

1 마리네이드액 재료를 섞는다. 사슴고기 덩어리와 떼어낸 힘줄, 자투리 고기를 반나절~하룻밤 정도 마리네이드한다. 사슴고기를 건져내서 사슴고기 덩어리와 그 밖의 부분(힘줄, 자투리 고기, 남은 마리네이드액, 허브, 향신료)으로 나눈다.

2 사슴고기 덩어리에 소금, 검은 후추를 묻힌다. 프라이팬에 버터를 두르고 사슴고기를 굴리면서 굽는다. 망 위에 꺼내놓고 알루미늄포일을 덮어둔다.

3 소스를 만든다. 프라이팬에 올리브오일을 두르고 **1**의 힘줄과 자투리 고기, 마리네이드액에 넣었던 향미채소를 볶는다. **1**의 남은 마리네이드액, 허브, 향신료와 닭육수를 넣고 중불에서 20분 정도 끓인다. 체에 거른 뒤 걸쭉해질 때까지 졸인다. 레드와인을 넣고 소금과 검은 후추(분량 외)로 간을 한 뒤 버터를 넣어 녹인다.

4 사슴고기를 잘라서 자른면에 소금, 검은 후추(분량 외)를 뿌리고, 구운 대파와 함께 접시에 담는다. **3**의 소스를 뿌린다.

레드와인에 허브와 향미채소의 향이 충분히 배어들게 한다.
사슴고기의 야성적인 맛을 잘 살려주는 마리네이드액.

브랜디

과일을 발효·증류·숙성시켜 만드는 증류주. 「브랜디」라고 하면 포도로 만든 화이트와인을 증류하여 오크통에서 오랜 세월 숙성시켜 만드는 포도 브랜디가 일반적인데, 칼바도스로 대표되는 사과 브랜디, 키르슈로 대표되는 체리 브랜디도 있다. 이들은 그대로 음료로 마시기도 하지만, 제과 재료로 사용하는 경우도 많다.

브랜디의 특징적인 향성분은 원료인 포도에서 유래한 플로럴계열의 「네롤리돌(Nerolidol)」과 「리날로올(Linalool)」, 증류할 때 생성되는 장미 같은 향의 「β—다마세논(β—Damascenone)」이 있다. 또한 통 안에서 숙성 중에 생기는 부드럽고 우아한 향 「아세탈(Acetal)」, 통을 만든 나무에서 유래된 향기로운 숙성향 「위스키락톤(Quercus Lactone)」 등도 함유되어 향이 풍부하다.

향의 응용

브랜디를 처음 만들었다고 알려진 13세기의 의사이자 연금술사인 아르노 드 빌뇌브는, 증류주에 레몬, 장미, 오렌지꽃(네롤리) 등의 성분을 추출해서 약주를 만들었다. 이 식물들의 향분자에는 브랜디와 공통되는 것도 많이 함유되어 있어, 향이 잘 조화된 술이었을 것으로 짐작된다.

레시피 1

꽃 인퓨전

재료_ 브랜디 180㎖, 오렌지플라워 20개
만드는 방법_ 모든 재료를 병에 넣고 2~3일 정도 둔다. 미네랄워터로 희석해서 향을 즐긴다. 취향에 따라 단맛을 첨가한다. 여러 달 담가두면 향이 더욱 진해진다.

레시피 2

로즈제라늄 인퓨전

재료_ 브랜디 180㎖, 로즈제라늄잎 10~15장
만드는 방법_ 모든 재료를 병에 넣고 1주일 정도 둔다. 미네랄워터로 희석해서 향을 즐긴다. 취향에 따라 단맛을 더한다. 여러 달 담가두면 향이 더욱 진해진다.

위스키

보리나 옥수수로 만든 증류주. 영국의 헨리 2세가 12세기 말 아일랜드를 침공했을 때, 아일랜드에서는 이미 곡물로 증류주를 만들고 있었다. 또한 15세기 스코틀랜드의 대장성에서 작성한 문서에는 몰트로 증류주(Aqua vitea)를 만들었다는 기록이 있다.

브랜디와 마찬가지로 원료 선별, 발효, 증류, 오크통 숙성 등의 단계를 거칠 때마다 여러 가지 향성분이 추가되는데, 여기서는 스카치 위스키 등에서 느껴지는 독특한 향인 스모키한 「이탄향(피트향)」에 대해 알아보자. 식물이 땅속에서 오래 퇴적되어 생긴 유기물을 「이탄」이라고 하는데, 위스키 재료인 몰트를 말릴 때 이탄을 연료로 사용하면 그 향이 위스키에 남는다. 이탄향의 정체는 과이어콜(Guaiacol)과 크레솔(Cresol) 등의 페놀류로, 독특한 향이다.

향의 응용

일반적으로 주류에 함유된 페놀류의 향(스모키향 또는 약품계열향)은 술의 종류에 따라 긍정적인 평가를 받거나, 이상한 냄새라는 부정적인 평가를 받기도 한다. 위스키의 스모키향에는 커피나 호지차가 잘 어울린다. 색다른 위스키의 향과 풍미를 즐길 수 있다.

레시피 1

커피 인퓨전

재료_ 위스키 180㎖, 원두 20g
만드는 방법_ 모든 재료를 병에 넣고 1~2주 정도 뒤에 체로 거른다. 칵테일 등의 재료로 사용한다. 취향에 따라 단맛을 첨가한다.

레시피 2

호지차 인퓨전

재료_ 위스키 180㎖, 호지차 20g
만드는 방법_ 모든 재료를 병에 넣고 1~2주 정도 뒤에 체로 거른다. 칵테일 등의 재료로 사용한다. 취향에 따라 단맛을 첨가한다.

일본 소주

쌀·고구마·보리 등으로 만든 증류주. 15세기에 류큐와 쓰시마, 16세기에는 사쓰마와 히고에서 제조했다는 기록이 있다. 세법상 연속식증류소주 고루이[甲類, 알코올 도수 36도 미만]와 단식증류소주 오쓰루이[乙類, 알코올 도수 45도 이하]로 나뉘는데, 전통적인 제조법은 단식증류이다. 현재도 규슈 지방을 중심으로 원료의 향과 감칠맛을 살린 소주를 만들고 있다. 연속식증류는 다이쇼 초기 이후에 도입되었는데, 원료에서 유래하는 향의 개성은 적다.

고구마로 만든 이모쇼추의 특징적인 향성분은 리날로올이나 시트로넬롤(Citronellol, 다소 자극적인 장미향), α-테르피네올(α-Terpineol), 에스테르인 페닐아세트산에틸(Ethyl Phenylacetate)이나 계피산에틸(Ethyl Cinnamate) 등이다. 아와모리[泡盛]는 오키나와의 쌀소주로 검은 누룩균을 사용하는 것이 특징이다. 3년 이상 저장 및 숙성하여 달콤한 향이 나는 것을 「구스[古酒]」라고 부르며 귀하게 여긴다.

향의 응용
고수씨는 카레용 향신료로 알려져 있지만, 리날로올이 많이 함유되어 있고 달콤한 허브계열의 향이 있어서 이모쇼추에 잘 어울린다. 또한 바닐린(Vanillin, 바닐라 같은 향)이 함유된 아와모리의 숙성향과 딸기향도 궁합이 잘 맞는다.

레시피 1

고수 인퓨전
재료_ 이모쇼추 180㎖, 고수씨(가루) 2작은술, 얼음설탕 적당량
만드는 방법_ 모든 재료를 병에 넣고 1주일 정도 둔다. 칵테일 재료로 사용한다.

레시피 2

딸기 인퓨전
재료_ 아와모리 180㎖, 딸기(작은) 10개, 얼음설탕 적당량
만드는 방법_ 모든 재료를 병에 넣고 1주일 정도 두면 불그스름하게 색이 우러난다. 탄산수 등으로 희석해서 마신다.

진

세계 3대 증류주로 꼽히는 「진」. 이름은 향을 내는 데 쓰인 주니퍼(노간주나무)라는 측백나무과 식물의 열매에서 유래되었다. 진은 1660년 네덜란드 라이덴대학의 실비우스 교수가 열병 치료제로 만들었다.

그 전에 이미 수도승이 주니퍼를 이용해 증류주를 만들었다는 이야기도 있다. 18세기 런던에서 크게 유행했고, 19세기 중반 이후에는 미국 칵테일 문화 발전에 기여했다. 지금은 마티니를 비롯해 대중적인 칵테일의 베이스로 빼놓을 수 없는 재료이다.

2000년경의 스코틀랜드에서는 주니퍼베리 등 전통에 얽매이지 않는, 다양한 향신료와 허브로 만든 새로운 향의 진이 탄생했다. 그 뒤로 각국의 증류소에서 실험적인 진을 만들기 시작했고, 최근에는 일본에서도 초피나 유자를 사용한 독창적인 크래프트 진을 생산하고 있다.

향의 응용
전통적인 진은 증류할 때 주니퍼베리 외에 고수씨, 오렌지나 레몬 껍질, 안젤리카 뿌리, 시나몬 등이 추가된다. 여기에 생강이나 스다치(영귤)의 향을 더해 변화를 줘도 좋다.

레시피 1

생강 인퓨전
재료_ 진 180㎖, 생강 슬라이스 10~15장
만드는 방법_ 모든 재료를 병에 넣고 2, 3일 정도 둔다. 토닉워터 등으로 희석한다.

레시피 2

스다치 인퓨전
재료_ 진 180㎖, 스다치 5개
만드는 방법_ 모든 재료를 병에 넣고 2주 정도 둔다. 탄산수 등으로 희석한다.

보드카를 사용해보자

러시아·동유럽 지역의 맑고 깨끗한 증류주.
섬세한 향의 재료를 더하는 데 제격이다.

보리, 호밀, 밀, 감자 등을 원료로 만든 증류주. 러시아나 중동부 유럽에서 마셔온 술이다. 1950년경부터 칵테일의 베이스로 급격히 보급되었다.

증류한 뒤 자작나무 등으로 만든 활성탄으로 잡미와 여분의 향성분을 제거해, 잡미가 없고 깔끔한 맛이다. 섬세한 향의 재료를 더해 인퓨전을 만들기 좋다.

유럽, 러시아에서는 감귤류와 고추 등의 향신료로 다양한 향을 더한 플레이버 보드카도 상품화되어 있다. 예를 들어 폴란드의 비아워비에자 숲에서 자라는 바이슨 그라스(Bison Grass)로 향을 낸 주브로브카(Zubrovka)에는 향물질인 쿠마린이 함유되어 있는데, 일본의 사쿠라모치(팥소를 채운 분홍빛 떡을 벚나무 잎으로 감싼 것)와 향이 비슷하여 인기가 많다.

향의 응용

재료의 향을 그대로 살리고 싶을 경우에는 보드카를 용매로 사용하는 것이 좋다. 초피열매와 신선한 레몬잎은 초여름이 떠오르는 향이다. 벚꽃을 소금에 절인 사쿠라시오즈케(p.97)는 뜨거운 물을 부어서 사쿠라유(벚꽃차)로 즐겨도 좋지만, 보드카에 넣어 칵테일로 향과 색을 즐겨도 좋다.

레시피 1

초피열매와 레몬잎 인퓨전

재료_ 보드카 180㎖, 초피열매 20~30개, 레몬잎 5장
만드는 방법_ 모든 재료를 병에 넣는다. 3일 정도 지나면 사용할 수 있다.

※ 탄산수나 자몽주스로 희석한다. 취향에 따라 단맛을 더한다.

레시피 2

벚꽃 인퓨전

재료_ 보드카 180㎖, 사쿠라시오즈케 10개
만드는 방법_ 사쿠라시오즈케를 물로 살짝 헹군 뒤 물기를 제거한다. 모든 재료를 병에 담는다. 2일 정도 지나 꽃이 벌어지면 칵테일 등에 사용할 수 있다.

「보드카」로 향을 끌어내는 레시피

만들어
봅시다

초여름 향의 칵테일

재료(2인분)
초피열매와 레몬잎 인퓨전(레시피1 참조) …… 20㎖
초피열매 …… 3개(인퓨전에 사용한 것)
레몬잎 …… 1장(인퓨전에 사용한 것)
토닉워터 …… 90㎖

만드는 방법
1 칵테일 글라스에 인퓨전과 토닉워터를 붓는다.
2 인퓨전을 만들 때 사용한 초피열매와 레몬잎을 곁들인다.
※ 재료는 차갑게 식혀둔다.

벚꽃과 아마자케 칵테일

재료(2인분)
벚꽃 인퓨전(레시피2 참조) …… 20㎖
사쿠라시오즈케 …… 1개
아마자케(일본식 감주) …… 80㎖

만드는 방법
1 칵테일 글라스에 아마자케를 붓고 벚꽃 인퓨전을 조심스럽게 붓는다.
2 물에 헹군 사쿠라시오즈케를 가운데에 띄운다.

보드카에 초피열매의 향이 녹아들어
산뜻한 풍미를 즐길 수 있다.

벚꽃과 아마자케를 조합하여,
일본의 풍미가 느껴진다.

식초 ✕ 향

식초는 「신맛」를 느끼게 해주는 조미료로 사용되어 왔다. 단맛은 신체의 에너지원이 되는 당류의 맛, 짠맛은 신체에 필요한 미네랄의 맛으로, 모두 생명유지에 필요한 음식물을 판단하는 생리적인 미각이다. 그에 비해 신맛은 음식물의 부패 조짐을 나타내는 신호이기도 하다. 그러나 사람은 신맛이 있는 식초의 다양한 기능을 깨닫고, 요리의 안전과 맛을 향상시키는 데 사용하고 있다. 그렇다면 신맛은 사람에게 있어서 문화적 미각이라고 할 수 있을지도 모른다.

여기서는 식초를 중심으로 요리와 향에 대해 생각해보자.

식초는 편리한 조미료입니다.
신맛이 있고 방부작용도 있는데,
여기에 향을 더하면 더 다양한
요리를 만들 수 있습니다.

식초에도 향이 배어든다

요리의 폭이 넓어지는 향식초를 만들어보자

준비

와인비네거 250㎖

생딜의 줄기와 잎 10㎝ 정도 × 4줄

과정

1 밀폐용 유리병에 딜의 줄기와 잎을 넣는다.

2 상온의 비네거를 병에 붓는다(딜이 완전히 잠기게 붓는다).

3 1주일 정도 지나면 딜을 건져낸다.

결과

딜의 향이 식초에 잘 배어들었다.

★ 식초는 신맛을 느끼게 해줄 뿐 아니라 방부작용이나 고기의 연화작용도 있는 기능성 조미료인데, 향은 물보다 식초에 잘 녹는다. 식초 특유의 진한 향을 완화하고 향을 더하고 싶을 때는 허브나 향신료를 넣어보자. 대부분의 향분자는 식초류에 잘 녹는다.

Q 식초에 향이 배어들까?

**다양한 기능이 있는 식초에 향을 더해
활용의 폭을 넓혀보자.**

식초에는 요리에 활용할 수 있는 기능이 많다.

식초의 기능

① 미각작용(신맛을 더한다)

② 방부작용(미생물의 번식을 막아 보존성을 높이고, 부패
  냄새를 막아준다)

③ 탈수·연화작용(고기가 부드러워진다)

④ 갈변을 억제하고 색을 유지하는 작용(연근이나 땅두릅
  등을 조리할 때)

여러 가지 기능이 있는 식초이지만 향과 풍미의 향상
이라는 관점에서는 어떤 특징이 있을까?

식초향이라고 하면 많은 사람들이 코를 찌르는 듯한
향을 떠올릴 것이다. 식초의 주요 성분인 「아세트산」
은 자극적인 냄새를 갖고 있으며, 식초에는 아세트산
이 3~5% 정도의 농도로 함유되어 있다. 아세트산의
향이 식초의 주요 향이기는 하지만, 그 밖에 발효할

때 생긴 향, 또는 원료(곡물·과일 등)에서 유래된 향
도 풍부하게 함유한다. 이것이 각 식초의 개성이 되
므로, 요리할 때는 이러한 향·풍미와 식재료의 궁합
을 고려해야 한다.

향을 더해 식초를 맛있게

최근 식초 이용에 대한 연구를 통해, 식초에 허브를
더하면 신맛을 억제하거나 기호성을 높일 수 있다는
사실이 밝혀졌다.

식재료에 함유된 향분자는 물보다 아세트산에 잘 녹
기 때문에, 식초에 다른 식재료의 향과 풍미를 더하
면 식초의 활용 폭은 더욱 넓어진다.

> 식초에는 다양한 기능이
> 있습니다. 향을 더하면 더욱
> 폭넓게 활용할 수 있어요.

COLUMN

식초의 역사 속 에피소드 「도둑의 허브비네거」

식초와 허브의 항균작용을 보여주는 이야기를 소개한다.
18세기 프랑스 마르세유에서 흑사병(페스트)이 대유행
했을 때의 일이다. 모두가 두려움에 떨던 그때, 상습적으
로 흑사병 환자에게서 금품을 훔치는 4인조 도둑이 있었
다. 그들은 어떻게 그 무서운 흑사병을 피해서 도둑질을
했던 것일까?

잡혀온 그들이 자백한 비밀은 허브비네거였다. 식초에

세이지, 민트, 로즈메리, 캐러웨이 등의 허브를 넣어서
마시고, 또는 입을 헹구거나 외출 전에는 코로 흡입하기
도 했다는 것이다.

그 뒤로 이 일은 「도둑의 허브비네거」라는 이야기로 전
해지고 있는데, 지역이나 도둑의 수, 허브 종류 등이 다
른 여러 버전의 이야기가 있지만, 흑사병에 대한 대응책
으로 식초와 허브류를 활용했다는 내용은 같다.

Q 식초는 언제부터 요리에 사용되었을까?

> 술은 자연적으로 발효되어 식초가 된다.
> 처음에는 조미료보다
> 보존료나 약으로 사용되었다.

술에서 태어난 식초

식초(비네거)의 신맛의 정체는 「아세트산」이다. 일반 식초에는 아세트산이 약 3~5% 농도로 함유되어 있다. 식초와 술은 매우 밀접한 관계로 양조주 등에 함유된 알코올 성분이 아세트산균에 의해 발효되어 아세트산으로 바뀌면 식초가 된다.

그래서 각 식문화권에서는 술과 식초의 원료가 동일한 경우가 많다. 포도나 사과 등의 친숙한 과일, 쌀이나 옥수수 등의 곡물을 사용해, 인류 문명 이전부터 만들어졌다고 추정한다.

또한 영어로 식초를 의미하는 비네거(Vineger)의 어원은 프랑스어 Vinaigre로, 「Vin(와인)」과 「aigre(신맛)」의 합성어이다.

원래의 용도는 조미료라기보다 보존료나 약으로서의 역할이 컸다. 고대 그리스의 의성 히포크라테스도 부상이나 질병 치료에 식초를 이용한 처방을 했고, 로마의 박물학자 플리니우스도 회복기 환자의 위에 좋다며 식초를 희석해서 마실 것을 권장했다.

식초 종류

넓은 의미로는 아세트산뿐 아니라 감귤류인 레몬, 스다치, 가보스 등 구연산이 중심이 된 신맛 나는 과즙도 식초의 한 종류로 이용되고 있다. 열대성 콩과 식물 타마린드의 열매도 신맛을 내는 조미료로 사용되는데, 여기에는 주석산이 함유되어 있다.

아세트산이 아닌 젖산 발효를 이용한 식초는 고대 인도의 야자나무 수액을 원료로 한 식초에서 유래되었다. 야자나무 수액으로 만든 술과 식초는 열대~아열대 지역에서 널리 사용되었다.

프렌치요리와 식초

프렌치요리의 역사를 보면 식초(또는 신맛 나는 과즙)를 사용한 소스의 뿌리는 중세까지 거슬러 올라간다. 17세기경부터는 소스의 베이스로 주로 오일이 사용되는데, 지금도 라비고트소스(식초에 허브나 머스터드, 약간의 오일을 넣는다)나 그리비슈소스(완숙 달걀, 식초, 피클로 만든다) 등이 전해진다.

수제 식초

식초는 구입하기도 하지만 가정에서 직접 만들기도 한다. 과거 많은 미국의 주부들이 사과의 껍질이나 심을 버리지 않고 사과주를 만들고, 그것으로 사과식초를 만들었다.

식초의 재료는 당분이 풍부한 과일이라면 대부분 가능하다. 사과, 감, 비파 등도 사용할 수 있다. 동남아에서도 과일로 식초를 만들었으며, 인도네시아 전통 식초에는 망고, 구아바, 파인애플 등과 같이 열대과일로 만든 것도 있다.

과일로 식초를 만드는 과정에서는, 과일에 원래 붙어 있는 효모의 작용만으로 자연스럽게 알코올 발효가 진행되는 경우도 있지만, 만드는 사람이 효모를 첨가하면 더 쉽게 발효가 진행된다. 또한 아세트산균은 일상적으로 존재하는 상재균이기 때문에 자연적으로 아세트산 발효가 시작되는 경우도 있지만, 이미 만들어진 식초를 「씨앗초(종초, Vinegar Starter)」로 사용하면 발효가 촉진된다.

와인비네거를 사용해보자

**복잡한 신맛이 요리의 맛을 살린다.
화이트와 레드를 식재료에 맞게 사용한다.**

와인비네거에는 화이트와인과 레드와인을 각각 초산 발효 및 숙성시켜 만든 화이트와인비네거와 레드와인비네거가 있다. 모두 원료인 와인에서 유래한 향물질이 계속 함유되어 있다.

다른 양조주에 비해 아세트산 이외의 유기산(주석산, 사과산, 구연산 등)이 많이 함유되어, 복잡한 신맛을 느낄 수 있다. 화이트와인비네거는 맛이 부드러워 해산물이나 채소·과일 요리에 어울리고, 허브나 꽃 등을 절일 때도 사용하기 좋다. 레드와인비네거는 깊은 색감과 떫은맛으로, 고기요리 등에도 잘 어울리는 강한 풍미가 있다. 또한 셰리비네거는 스페인 안달루시아 지방에서 만드는 셰리주를 원료로 만드는데, 셰리

주처럼 숙성도가 다른 각각의 통에 들어 있는 내용물을 단계적으로 더해서 만든다. 길게는 수십 년에 걸쳐 숙성되며, 밤색을 띠고 향이 향기롭다.

향의 응용
르네상스 시대의 예술가이자 발명가 레오나르도 다빈치는 여러 분야의 기록물을 남겼는데, 그중에는 음식과 관련된 것도 있다. 37세 때의 기록물에는 식초와 3종 허브만 사용해서 만든 심플한 비네거에 대한 기록도 있다.

레시피 1

다빈치 스타일 비네거
재료_ 화이트와인비네거 250㎖, 파슬리 10㎝ 2줄기, 민트 10㎝ 1줄기, 타임 2줄기
만드는 방법_ 모든 재료를 섞어서 1주일 동안 둔 뒤, 향이 우러날 때쯤 건더기를 건져낸다. 간을 해서 생선 마리네이드액으로 사용하거나, 올리브오일을 섞어서 드레싱 등으로 사용한다.

「와인비네거」로 향을 끌어내는 레시피

작은 전갱이 에스카베슈

재료(4인분)
전갱이(작은) …… 12마리(비늘, 아가미, 내장 제거)
소금, 검은 후추 …… 조금씩
박력분 …… 적당량
튀김용 오일 …… 적당량

양파 …… 1/2개(두툼하게 슬라이스)
파프리카(빨강, 노랑) …… 1/2개씩(채썬)
셀러리 …… 1/3줄기(채썬)
당근 …… 1/3개(채썬)
마늘 …… 1쪽(슬라이스)
올리브오일 …… 1큰술
소금 …… 10g
설탕 …… 30g
물 …… 400㎖
다빈치 스타일 비네거(레시피1 참조) …… 80㎖

만드는 방법
1 프라이팬에 올리브오일을 두르고 채소, 마늘을 넣어 부드러워질 때까지 볶는다. 소금, 설탕, 물을 넣고 한소끔 끓인다. 한김 식힌 뒤 다빈치 스타일 비네거를 넣는다.
2 전갱이에 소금, 검은 후추를 뿌리고 박력분을 묻힌 뒤, 170℃로 가열한 오일에 노릇하게 튀긴다. 뜨거울 때 **1**을 둘러서 맛이 잘 어우러지게 한다.

※15분 정도 지나면 먹을 수 있는데, 1시간 정도 재우면 맛이 잘 어우러져서 더 맛있게 먹을 수 있다.

에스카베슈(Escabeche)_ 생선요리를 마무리할 때 식초를 넣는 요리 방법은 고대 로마의 요리책 『아피키우스』에서도 찾아볼 수 있다. 에스카베슈의 어원은 아랍어 「Sikbaj」. 중세 아라비아에서는 식초로 마무리한 고기나 생선 요리를 그렇게 불렀다고 한다.

3가지 허브로 만든 다빈치 스타일 비네거로 향을
내서, 산뜻한 신맛과 깊은 맛을 즐길 수 있다.

발사믹식초

이탈리아 에밀리아로마냐주에서 중세부터 만들어온, 독특한 향과 단맛이 나는 갈색 식초. 처음에는 식용으로 사용하기보다, 강장제나 향유 등의 용도로 사용되었다. 먼저 포도즙을 졸인 뒤 나무통에 넣고, 복잡한 여러 과정을 거치면서 12년 이상 장기 숙성시킨다. 고농도의 당분과 산으로 알코올 발효와 초산 발효가 동시에 이루어진다. 원료, 숙성방법, 품질이 엄격하게 정해진 전통 제조법의 결과물(Aceto Balsamico Tradizionale, 아세토 발사미코 트라디치오날레)은 값이 매우 비싸서 요리 마무리에 풍미를 즐기기 위해 매우 적은 양을 사용하며, 가열조리에는 거의 사용하지 않는다. 1980년대부터 전 세계에 알려지면서, 제조법이 까다롭지 않고 숙성기간이 짧은 「보급형 발사믹」도 많이 유통되기 시작하였다. 용도에 따라 구분해서 사용하는 것이 좋다.

향의 응용

구하기 쉬운 보급형 발사믹식초를 사용해 향식초를 만들어보자. 독특한 향, 단맛과 어울리도록 허브와 향신료는 조금 강하고 특징이 뚜렷한 향이 있는 것을 선택한다.

레시피 1

보급형 발사믹식초 × 시나몬

재료_ 발사믹식초 250㎖, 시나몬파우더 1/2작은술, 자라메설탕(굵은 설탕) 1큰술
만드는 방법_ 발사믹식초를 작은 냄비에 넣고 1/4 분량으로 줄어들 때까지 졸인다. 불을 끄고 자라메설탕을 넣어 녹인다. 시나몬파우더를 넣고 한김 식으면 병에 담아서 보관한다. 바닐라 아이스크림 등에 곁들인다.

레시피 2

보급형 발사믹식초 × 오렌지필

재료_ 발사믹식초 250㎖, 오렌지필(1개 분량)
만드는 방법_ 병에 재료를 담아 1주일 정도 둔다. 올리브오일과 소금으로 간을 해서 드레싱으로 사용한다.

각종 과일비네거

프랑스에서는 와인비네거를 주로 사용하지만, 미국에서는 식초로 애플비네거(사과식초)를 많이 사용한다. 원료인 사과즙이 알코올 발효와 초산 발효를 거치면서 양조식초가 된다.*
사과즙에는 사과산이 많이 함유되어 있기 때문에 식초를 만드는 과정에서 말로락틱 발효(유산균이 사과산을 젖산으로 만드는 발효)가 쉽게 일어나, 신맛이 부드러워지며 향이 다양해진다. 원료인 사과의 부드럽고 달콤한 풍미와 산뜻한 신맛이 있는 식초이다.
과일로 만든 식초는 사과식초 외에도 감식초, 무화과식초, 코코넛식초 등 여러 가지가 있다. 각각 원료에서 유래된 향이 있으므로 용도에 맞게 선택한다.

*1 ℓ 당 300g 이상의 사과즙을 사용해서 만든 식초가 사과식초라는 이름으로 유통된다.

향의 응용

식초는 요리에 사용할 뿐 아니라 음료로도 즐길 수 있다. 그중에서도 특히 사과식초는 색이 연하고 산뜻한 향이 있어 마시기 좋다. 보기 좋은 색과 향을 가진 식용꽃이나 허브를 담가두면, 맛있는 음료를 만들 수 있다.

레시피 1

사과식초 × 히비스커스

재료_ 사과식초 180㎖, 히비스커스(말린) 5g, 얼음설탕 적당량
만드는 방법_ 모든 재료를 병에 담고 사과식초를 부어 3일~1주일 정도 둔다. 찬물이나 탄산수를 섞어서 마신다.

레시피 2

사과식초 × 레몬그라스 × 민트

재료_ 사과식초 180㎖, 레몬그라스(말린 잎) 2작은술, 민트(말린) 1작은술, 얼음설탕 적당량
만드는 방법_ 모든 재료를 병에 담고 사과식초를 부어 2주일 정도 둔다. 찬물이나 탄산수를 섞어서 마신다.

아카즈·구로즈

「아카즈[赤酢]」는 술지게미로 만든 일본의 전통식초이다. 지금의 아이치현 한다시에서 술을 빚던 양조업자에 의해 만들어졌다. 양조업자가 초산균을 취급하는 위험부담을 극복하고 만들어낸 아카즈는, 아미노산을 많이 함유하고 있어 감칠맛이 풍부하고 부드러운 신맛의 식초로, 에도마에즈시에 주로 이용되었다. 발효 전 술지게미를 장기 저장·숙성시키는 과정을 거치면서 당분, 유기산류, 질소화합물 등이 증가하여 적갈색으로 변한 데서 붙여진 이름이다.

「구로즈[黒酢]」는 정제하지 않은 쌀이나 보리로 만든 식초이다. 일본에서는 에도시대부터 가고시마현에서 항아리를 이용한 양조법으로 구로즈를 만들어왔다. 1970년경부터는 건강에 좋다고 알려지면서 주목받기 시작했는데, 현재는 전통 제조법으로 만들지 않은 것도 「구로즈」라는 이름으로 유통되고 있다. 향이 복잡하고 좋으며, 색은 갈색~검은색, 부드러운 신맛과 감칠맛이 있다. 구로즈에는 혈류 속의 적혈구와 백혈구의 유동성을 향상시키는 작용이 있다는 보고도 있다.

향의 응용

아카즈의 부드러운 맛에 악센트로 유자향을 더하면 궁합이 잘 맞는다. 또한 구로즈와 생양파를 섞으면 단맛과 감칠맛이 증가하고 풍미도 풍부해지는데다, 양파도 먹을 수 있다.

레시피 1

아카즈 × 유자

재료_ 아카즈 250㎖, 유자껍질(2개 분량)
만드는 방법_ 모든 재료를 병에 담고 식초를 부어 2주 정도 둔다. 식물성오일과 소금으로 간을 해서 드레싱으로 사용한다.

레시피 2

구로즈 × 양파

재료_ 구로즈 250㎖, 양파 1개
만드는 방법_ 양파를 세로로 얇게 썰어 병에 담고 흑초를 붓는다. 양파의 수분이 서서히 빠져나온다. 다음날~1주일 정도까지 사용할 수 있다. 간장, 꿀로 간을 해서 드레싱으로 사용한다.

용도에 맞게
선택해서 사용해요!

쌀식초를 사용해보자

**일본에서는 헤이안 시대부터 사용된 식초로,
일식에서 빼놓을 수 없는 풍미이다.**

쌀을 원료로 만든 쌀식초는 예로부터 한국, 일본, 중국 등 아시아에서 많이 사용되고 있다. 일본에서는 헤이안시대의 사전『와묘쇼[和名抄]』에 식초에 대해「속칭 가라사케[辛酒]라고 한다 ~(중략)~ 식초를 가라사케라고 하는 것은 이런 이유이다」라고 기록되어 있다. 술이 양조되기 시작한 3세기 이후, 상한 술에서 유래했다고 추정한다. 나라시대에는 활발하게 양조되었다.

헤이안시대 귀족들의 연회요리에는「시스키[四種器]」라는 4가지 양념을 담은 종지가 준비되었는데, 식초는 그 양념 중 하나로 날것이나 건어물을 식초에 찍어 먹었다. 미량의 향성분에 청주와 공통된 성분이 함유되어 있으며, 일식 조리에 빠지지 않는 식초이다.

향의 응용

일본에서「식초」에 대해 처음 기술된 책은 나라시대의『만요슈[万葉集]』16권으로,「초, 장, 달래, 도미, 물옥잠을 읊는 노래」에서「장(간장)과 초(쌀식초)에 달래를 섞은 양념과 함께 도미를 먹고 싶다」라는 내용이 나온다. 조미한 쌀식초에 야생의 달래(p.187 참조)를 곁들인 풍미를 이때부터 즐겼던 것이다.

[레시피 1] ⸺⸺⸺⸺⸺⸺⸺⸺⸺⸺⸺⸺

달래향 식초

재료_ 쌀식초 180㎖, 달래(큰 것) 10줄기(작은 것은 20줄기)
만드는 방법_ 달래는 잎부분을 잘라내고 얇은 껍질을 벗겨 비늘줄기 부분만 병에 넣고, 쌀식초를 부어 1주일 정도 둔다. 간장과 섞어서 무침요리에 사용하거나, 소금, 올리브오일로 간을 해서 드레싱 등으로 사용한다.

「쌀식초」로 향을 끌어내는 레시피

만들어
봅시다

달래초 드레싱을 올린 비프샐러드

재료(4인분)
소고기(스테이크용) ······ 140g
소금 ······ 1작은술
검은 후추 ······ 조금
방울토마토 ······ 4개(2등분)
적양파 ······ 1/3개(슬라이스)
비트 ······ 적당량(슬라이스)
병아리콩(삶은) ······ 적당량
파르메산치즈 ······ 적당량(필러 등으로 슬라이스)
잎채소[엔다이브, 실크레터스(잎상추와 엔다이브의
　교배종), 적양배추 등] ······ 적당량(한입크기로 썬)
허브(차이브) ······ 적당량

달래향 식초 드레싱
달래향 식초(레시피1 참조) ······ 35㎖
올리브오일 ······ 100㎖
소금 ······ 3g
검은 후추 ······ 조금

만드는 방법
1 소고기에 소금, 검은 후추를 뿌려서 굽는다. 한김 식으면 슬라이스해서 소금을 뿌린다.
2 접시에 잎채소, 방울토마토, 적양파, 비트, 병아리콩, **1**의 소고기, 허브를 담는다.
3 드레싱 재료를 병에 담아 잘 섞은 뒤 뿌린다.

달래의 인상적인 향이 소고기의 강한 맛과 잘 어울린다.
기운이 샘솟는 파워 샐러드.

물 ✕ 향

물은 인체의 60~70%를 구성하는 물질이다. 사람의 식생활에서도 물을 빼놓을 수는 없다. 주방에서도 물을 많이 사용하므로 가장 친숙한 식재료라고도 할 수 있다. 그래서 사람들은 오래전부터 뜨거운 물을 사용한 침출수(육수나 차) 또는 방향증류수의 형태로, 향분자를 식재료에서 끌어내 요리의 향과 풍미를 향상시키는 데 활용해 왔다.

여기서는 물을 사용해 요리의 향을 살리는 방법을 알아본다.

향은 물에 잘 녹지 않습니다. 뜨거운 물이라면 수면에서 빠르게 날아가버려요. 이런 성질을, 향을 즐기는 티타임에 활용해봅시다!

향분자는 차에서 바로 날아가버린다

중국차·문향배로 향을 느껴보자

중국차의 향을 즐길 때 좁고 기다란 모양의 「문향배」라는 찻잔을 사용하는 경우가 있다.
이것은 물에 녹은 향분자가 바로 휘발하는 성질을 이용해 향을 즐기는 방법이다.

준비

찻잎(우롱차 또는 홍차) 적당량
뜨거운 물 적당량
작은 도자기 잔 2종류_ 문향배(없으면 길쭉한 찻잔으로 대체) / 찻잔(없으면 일반 잔으로 대체)

과정

1 규스(찻주전자)에 찻잎을 알맞게 담고 뜨거운 물을 부어 몇 분 동안 차를 우려낸다.

2 찻잔에 차를 따르기 전에, 먼저 문향배(길쭉한 찻잔)에 차를 따른다.

3 바로 문향배에서 찻잔으로 차를 옮겨 붓는다.

4 빈 문향배에 코를 가까이 대본다. 안에서 차의 향이 피어오른다.

결과

문향배 표면에 남아 있는 수분과 향분자가 따뜻한 온기와 함께 빠르게 휘발한다.
차 안의 향분자 대부분이 바로 날아가는 것을 알 수 있다.

Q 홍차의 향, 뜨거운 물로 우려낼 수 있을까?

> 뜨거운 물에 녹는 향분자는 물 속에
> 남아 있지 않고 표면에서 바로 날아간다.

맛있는 홍차를 우리기 위해서는 물의 온도와 우리는 시간이 중요하다. 열의 힘으로 차의 향과 맛을 제대로 끌어내보자.

향분자는 소수성

음식의 향분자는 일반적으로 물에 잘 녹지 않는(소수성, 친유성) 것이 많다. 조금은 녹지만 유지류 등에 비하면 잘 녹지 않는다.

그래서 뜨거운 물에 녹아서 우러난 향분자도 물속에 계속 있지 않고, 수면에서 바로 공기 중으로 날아가 버린다. 물의 온도가 높을 경우에는 더욱 그렇다.

티포트의 뚜껑은 온도를 유지해서 성분을 우려내는 데 도움을 주지만, 향성분이 휘발되지 않게 막아주는 역할도 한다.

향을 놓치지 않는 방법

조리할 때도 향을 지킬 수 있는 방법을 찾아보자. 뜨거운 물로 홍차나 허브차를 우려서 젤리를 만드는 경우, 우리자마자 용기를 얼음 위에 올려서 빨리 식히거나, 비닐랩을 씌워서 향이 휘발되는 것을 막으면 완성도가 달라진다.

또한 향분자가 증발하기 쉽다는 것은, 향분자가 사람의 코에 감지되기 쉽다는 것이기도 하다. 포트에 담긴 홍차를 입구가 넓은 컵에 따라서 바로 마시는 것은, 향을 풍부하게 즐길 수 있기 때문이다. 물의 성질을 알고 연구하면 요리와 음료의 향을 더욱 잘 살릴 수 있다.

Q 방향증류수란?

> 수증기 증류법으로 얻는 수분.
> 향이 좋은 것은 요리에 사용된다.

p.69에서 「증류」 기술에 대해 언급했는데, 여기서는 증류에 대해 좀 더 자세히 살펴보자.

증류의 원리

증류란 액체를 가열하여 발생한 증기를 냉각시켜 다시 액체로 만드는 것으로, 끓는점의 차이로 성분을 분리하고 농축하는 것을 의미한다.

p.89의 그림은 수증기 증류법의 원리를 보여준다. 사람들은 식물의 잎에 있는 향분자가 수분과 함께 가열하면 쉽게 증발한다는 성질을 알게 되자, 수증기와

함께 증발하는 향분자들을 모으면, 효율적으로 식물에서 향을 분리할 수 있다고 생각했다.

이렇게 얻은 기체를 냉각시켜 액체로 만들면 액체는 2개의 층으로 나뉜다. 위층의 액체가 「정유(에센셜오일)」인데, 향분자들이 모여 있는 정유는 향이나 작용이 매우 강하기 때문에 요리에 사용할 수 없다.

요리에 사용하는 방향증류수

그러나 정유 아래층의 수용성 액체인 「방향증류수」는, 식물 종류에 따라 요리의 향을 내는 데 사용할 수 있는 것도 있다.

예로부터 요리에 이용된 방향증류수로 장미꽃 방향증류수인 「로즈 워터」와 네롤리(비터오렌지꽃) 방향증류수인 「오렌지플라워 워터」가 있다.

> **중동과 유럽에서는 요리나 과자를 만들 때 로즈 워터를 사용한다.**

많은 사랑을 받는 향을 지닌 꽃 중 대표적인 것은 바로 장미이다. 장미의 방향증류수(p.88)를 「로즈 워터」라고 부른다. 로즈 워터에는 장미 속에 있는, 물에 녹기 쉬운 향분자가 풍부하게 함유되어 있다. 먹을 수 없는 정유에 비해 향이나 작용이 강하지 않아서 약용, 화장용, 요리용 등으로 유용하게 사용된다.

세계 각지에서 풍미를 내는 데 이용

고대부터 알려진 증류기술은 중세 중동에서 특히 발달하였다. 이때부터 로즈 워터가 사람들의 일상에서 사용되기 시작했다. 예를 들어 중세 아랍어로 쓰인 요리서에는 반드시 실려 있을 만큼 인기 있는 과자 「라우지나즈」는, 아몬드파우더, 설탕, 로즈 워터로 만든 것이다(참고로 마카롱은 이 과자에서 유래되었다). 8~10세기 아바스 왕조의 궁궐에서 만든 『요리와 식양생의 서』에도 로즈 워터를 즐기는 방법이 나와 있다.[*]

십자군 원정으로 로즈 워터가 유럽에 전해지자, 점점 현지 생산도 이루어지기 시작했다. 17세기 영국의 요리책을 보면 쿠키, 수프, 고기요리, 생선요리 등 다양한 레시피에 로즈 워터를 사용한 것을 알 수 있다. 또한 인도에서는 지금도 부엌에 로즈 워터를 두고, 요리와 디저트에 활용하는 가정이 있다.

불가리아의 장미향

로즈 워터에는 장미 중에서도 강한 향을 가진 올드로즈(고대장미)의 일종인 다마스크로즈를 많이 사용한다. 다마스크로즈 생산국으로 현재 유명한 곳은 불가리아다. 스타라플라니나 산맥의 드넓은 「장미 계곡」에서 장미꽃을 채집한다. 현지의 연례행사인 장미축제에서는 퍼레이드나 연주뿐 아니라 로즈 와인, 로즈 워터를 이용한 과자도 함께 제공되어 장미향의 계절을 즐길 수 있다.

[*] 「여러 가지 과즙에 요구르트와 설탕을 넣고 로즈 워터와 사향 등의 향료를 넣어 졸인 음료」, 「줄렙(로즈 워터와 식초, 설탕으로 만든 것)과 수칸자빈(설탕과 식초를 끓인 뒤 향신료를 넣은 것)을 섞은 음료」 등.

수증기 증류법의 원리

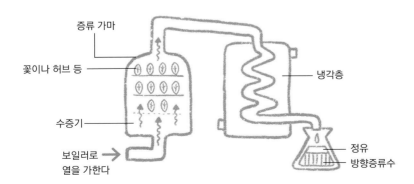

증류 가마

꽃이나 허브 등

냉각층

수증기

정유
방향증류수

보일러로
열을 가한다

증류가마에 넣은 꽃이나 허브의 잎에 수증기를 불어 넣어, 향분자를 기화시킨 뒤 다시 냉각시킴으로써, 정유와 방향증류수를 얻는다.

방향증류수 ② 오렌지플라워 워터를 사용해보자

> **비터오렌지의 하얀 꽃이 지닌 은은한 향.
> 디저트나 음료에 활용한다.**

「오렌지향」이라고 하면 과일향이 생각날 수도 있다. 사실 감귤류는 향이 가득한 식물이어서, 꽃과 잎도 향이 좋아 요리에 이용할 수 있다. 그중에서도 비터오렌지의 하얀 꽃은 매우 향기로운데, 여기서 채취한 정유를 「네롤리」라고 부르며, 향수를 만들거나 아로마 테라피에서 중요한 재료로 이용한다.

요리에 활용하는 부드럽고 우아한 향

수증기 증류법으로 정유와 동시에 얻을 수 있는 것이 방향증류수인 「오렌지플라워 워터」인데, 수용성 향분자가 녹아 있다. 예전부터 사람들은 달콤하고 산뜻한 향을 좋아했는데, 1600년대에 아이스크림의 인기가 막 시작된 영국에서도 「오렌지플라워 워터」로 향을 낸 레시피가 사용되었다.

튀니지 등 비터오렌지 생산국에서는 지금도 가정용 작은 증류기로 만든 오렌지플라워의 방향증류수를, 요리나 커피 등에 향을 더할 때 사용한다. 인터넷을 이용하면 현지에서 수입한 오렌지플라워 워터를 손쉽게 구입할 수 있다.

평범한 요리에 향을 더해 변화를 준다

요리하기 전에 먼저 오렌지플라워 워터를 한 모금 맛본다. 입안에서 코로 빠져나가는 풍미가 잘 느껴진다. 그러나 맛은 나지 않기 때문에 식품으로 완성된 것은 아니다. 이런 풍미는 어떤 재료와 잘 어울릴까. 여기서는 프렌치 토스트에 오렌지플라워 워터를 사용한 레시피를 소개한다. 오렌지플라워의 부드러운 향과 은은한 단맛, 부드러운 식감의 융합을 즐겨보자.

「오렌지플라워 워터」의 향을 살리는 레시피

만들어
봅시다

오렌지플라워 워터를 넣은 아파레이유 프렌치 토스트

재료(2인분)
빵 …… 1개(4등분, 여기서는 75g짜리 반죽을 구운
　　화이트 브레드를 사용)
버터 …… 10g
바닐라 아이스크림 …… 적당량
슈거파우더 …… 적당량
피스타치오 …… 적당량(굵게 부숨)

아파레이유
달걀 …… 1개
우유 …… 100㎖
설탕 …… 1큰술
오렌지플라워 워터 …… 1작은술

만드는 방법
1 아파레이유 재료를 잘 섞어서 체에 내린 뒤, 빵을 1시간 정도 담가둔다. 단단한 빵은 잘 스며들지 않으므로 1시간 이상 담가둔다.
2 프라이팬에 버터를 두르고 약불에서 **1**의 모든 면을 노릇하게 굽는다.
3 접시에 담고 바닐라 아이스크림을 올린 뒤 슈거파우더와 피스타치오를 뿌린다.

오렌지플라워의 풍미가 인상적인, 어른들을 위한 프렌치 토스트.
아파레이유에 푹 담가야 맛있게 완성된다.

Q 일식 「다시」의 향, 마음이 편안해지고 식욕이 생긴다

감칠맛뿐 아니라 「향」에도 비밀이 있는 다시.
전통을 이어나간다.

정성이 만드는, 다시의 향

일상에서 재료의 향을 물속으로 끌어내는 작업을 찾는다면, 다시를 내는 일일지도 모른다. 일본요리는 다시마와 가쓰오부시 등의 말린 재료에서 비교적 짧은 시간 안에 다시를 우려낸다.

다시를 낸다는 것은 글루탐산(Glutamic acid)이나 이노신산(Inosinic acid) 등의 「감칠맛」을 얻는 것만이 아니다. 다카하시 다쿠지[1]의 논문 『요리사가 보는 일식의 매력[料理人からみる和食の魅力]』에는 다시마와 가쓰오부시를 사용한 「궁극의 다시」 향의 가치에 대해 서술되어 있다.

「다시마에서 느껴지는 맛차 · 호지차 · 생강벳코니 · 서양배 · 셀러리 · 구운 떡 · 금목서의 향」, 「가쓰오부시에서 느껴지는 옥수수 · 솜사탕 · 참외 · 초콜릿 · 아니스 · 시나몬의 향」, 이런 것들이 첫 번째로 우려낸 이치반 다시에 깊이와 고급스러운 느낌을 만들어 준다고 한다. 이러한 여러 겹의 향을 만드는 것은, 다시용 다시마나 가쓰오부시가 완성되기까지의 정성과 시간이 들어간 가공과정이다. 고품질의 감칠맛과 향의 상승효과로 다시의 풍미가 형성된다.

마음이 편안해지는, 다시의 향

최근의 연구 중 다시향에 대한 흥미로운 내용이 있다. 실험에 의하면 「다시마와 가쓰오부시로 우려낸 다시의 향이 자율신경계의 부교감신경의 활동을 촉진시켜 주관적인 피로감을 줄여준다」라고 한다. 즉 다시향을 맡은 사람 중에는, 마음이 편안해지고 피로가 풀린 기분이 든 사람이 많다는 것이다[2].

요리의 「향」은 식욕증진과 일시적인 미각 향상에 도움

이 될 뿐 아니라 정신적인 작용을 할 가능성도 있다. 다만, 다시에 대한 기호성(취향)은 어린 시절부터 이루어진 식생활에 의해 형성된다고 알려져 있다. 이 실험의 대상자는 일본 내의 학생에 한정되어 있기 때문에, 이 결과를 일반적이라고 말할 수는 없다.

하지만 「요리의 향」이 주는 심리적 가치라는 면에서, 귀중한 연구결과라고 할 수 있다. 앞으로 음식 분야에서도 향이 마음에 미치는 영향이 중시될 수 있다.

다시향의 「중독성」

사람에게 있어서 맛의 형성 요인은 주로 4가지다.

① 생리적 요구(신체 유지를 위해 필요한 영양소에 대해 맛을 느낀다)

② 식문화(익숙한 식문화나 식습관으로 형성된 식품에 대한 안정감에서 맛을 느낀다)

③ 정보(산지나 브랜드 표기, 매스컴의 평가 등의 정보에 의해 맛을 느낀다)

④ 뇌의 보수계(욕구가 충족되었을 때 쾌감을 느끼게 하는 신경계의 작용으로 맛을 느낀다. 중독성이 생긴다.)

가다랑어를 사용한 한 실험에서는 가다랑어가 ④ 보수계의 중독성을 유발할 가능성[3]이 높은 식품으로 밝혀졌다. 또한 가다랑어에서 「향」을 제거하면 중독성이 생기지 않는다고 한다. 가다랑어의 「향」은 감칠맛과 함께, 큰 만족감, 강한 맛의 쾌감을 주는 데 빼놓을 수 없는 요소인 듯하다. 일식의 기본인 다시에는 맛뿐 아니라 「향」의 비밀이 숨어 있다.

*1 다카하시 논문의 총설에는 「궁극의 다시」를 만들기 위한 3가지 중요한 요소가 소개되어 있다. 1. 물의 경도는 50도, 2. 다시마에서 감칠맛 성분을 추출하는 온도와 시간, 3. 가쓰오부시에서 감칠맛 성분을 추출하는 온도와 시간이다.

*2 「다시가 사람의 자율신경 활동 및 정신 피로에 미치는 영향」 모리타키 노조미 외 / 일본 영양·식량학회지 제71권 제3호(2018)

*3 「다시의 맛에 다가서다」 야마자키 하나에 / 화학과 교육 63권 2호(2015)

Q 홍차와 센차는 왜 향이 다를까?

> 주로 제조방법 차이 때문이다.
> 발효과정이 향의 차이를 만든다.

고급 차의 매력이라면 풍부한 향일 것이다. 차나뭇과 동백나무속 식물 「차나무」의 잎에서, 우리는 다양한 향분자를 끌어내 즐긴다. 시즈오카산 센차의 상쾌한 식물향, 인도 다즐링산 홍차의 화려한 과일향. 같은 「차」라고 해도 향에는 다양한 차이가 있다. 이런 향의 차이는 왜 생기는 것일까?

발효과정이 향의 차이를 만든다

첫 번째 요인은 제조방법의 차이다. 물론 차나무 품종의 차이, 생산지, 찻잎의 수확시기에 따라서도 향에 차이가 생긴다. 하지만 제조할 때 거치는 「발효」 과정이 가장 큰 향의 변화를 가져온다.

발효라고 해도 술이나 식초처럼 미생물에 의한 발효는 아니다.* 차 제조에서 이야기하는 발효는 원래 찻잎에 함유된 카테킨 등이 산화효소의 작용으로 산화하여 색과 향이 변화하는 과정이다.

센차의 향

센차(녹차)는 「불발효차」, 홍차는 「완전발효차」로 분류된다. 센차(불발효차)는 제조과정의 초기 단계에서 찻잎을 가열해 효소의 활성화를 막아 발효(산화)를 방지한다. 따라서 차나무의 생잎이 가진 상쾌한 향이 살아있는 차가 된다. 센차는 「초록잎휘발성물질」 (→ p.37 참조)이라고 불리는 「푸른잎 알코올」이나 해초 같은 향의 「디메틸 설파이드(Dimethyl Sulfide)」, 제비꽃 같은 향의 「β－이오논(β－Ionone)」 등을 함유한다.

홍차의 향

한편 홍차(완전발효차)는 수확한 잎을 시들려서 잘 비벼 완전히 발효시킨다. 발효과정에서는 카테킨 산화물이 축적되어 다른 성분을 산화시켜 여러 종류의 향분자가 만들어진다. 아미노산에서도 스트레커 분해(Strecker degradation)로 새로운 향분자가 생긴다. 예를 들어 히아신스꽃 같은 향의 「페닐아세트알데하이드(Phenylacetaldehyd)」, 장미 같은 향의 「게라니올(Geraniol)」, 은방울꽃 같은 향의 「리날로올(Linalool)」 등이 생겨 화려하고 강한 향을 가진 차가 만들어진다.

* 푸얼차(보이차)와 같은 「후발효차」의 경우, 찻잎의 가열과 유념 등 중간까지는 녹차와 같은 과정이 진행되는데, 미생물이 관여하는 발효과정을 통해 독특한 향이 발생한다.

COLUMN

물의 경도가 향에 미치는 영향

찻잎의 향을 충분히 추출해서 맛있는 차를 마시기 위해서는 물의 경도가 중요하다.

경도란 미네랄(마그네슘 이온이나 칼슘 이온)이 물속에 얼마나 함유되어 있는지를 나타내는 수치이다. 물은 다른 물질을 잘 녹이기 때문에 약국에서 파는 증류수 외에는, 하천이나 호수의 물, 수돗물, 우물물 등에도 이런 미네랄이 함유되어 있다. 경도 120 미만은 연수, 그 이상은 경수로 분류된다. 수돗물은 지역에 따라 다르지만 대부분 연수이다. 경도가 높으면 차의 맛과 향이 우러나기 어려우므로 경수인 미네랄워터로 차를 우리는 것은 권장하지 않는다.

충분히 끓여서 염소를 제거한 신선한 수돗물로 차를 우려내는 것이 좋다.

중국의 꽃차를 사용해보자

> **중국에서는 재스민 등의 꽃향을 옮긴 차를 오래전부터 즐겨왔다.**

차의 뿌리는 고대 중국으로 거슬러 올라간다. 당나라시대 770년경에 만들어진 차 해설서 『다경(茶經)』에 의하면, 신화에서 사람이 차를 입에 댄 것은 기원전 2700년경이라고 기록되어 있다. 차를 마시게 된 기원에 대해서는 여러 이야기가 있지만, 이미 『삼국지』에 차에 대한 내용이 등장한 것을 보면 오랜 역사가 있는 것은 틀림없다.

당대까지는 차라고 하면 찻잎을 둥글게 빚어서 굳힌 「단차(덩이차)」라고 불리는 것이었고, 지금과 같은 「산차(가루차)」는 송대를 거쳐 명대에 이르러 주류가 되었다. 명대에는 가마솥에 찻잎을 덖는 기술도 도입되어, 주전자로 차를 우려내는 요즘의 차 스타일이 완성되었다.

명대에는 차에 생화의 향을 옮겨놓은 「꽃차」, 지금으로 치면 꽃으로 향을 낸 플레이버티도 만들어졌다. 꽃차는 화향차, 화훈차라고도 불리는데, 차에 향을 내는 발상은 오래전부터 있었지만 산차가 향 흡착 작업에 더 적합해서 발전한 것이다.

찻잎은 향을 잘 흡수하기 때문에 보관장소를 잘 선택해야 한다. 하지만 꽃차를 만들 때는 반대로 이 성질을 이용한다. 명대의 『다보(茶譜)』에는 연꽃, 목서, 재스민, 장미, 난초, 다치바나귤나무, 치자나무의 꽃을 모두 꽃차를 만드는 데 사용할 수 있다고 되어 있다. 청대에는 상류층 사이에서 꽃차가 유행했다.

현재 대표적인 꽃차로는 재스민차가 있다. 꽃이 피는 시기가 되면, 해가 뜨기 전 이른 아침에 딴 꽃을 찻잎에 겹쳐놓는 과정을 3번이나 반복해서 향을 옮긴다. 그러면 꽃이 없어도 향이 가득한 뜨거운 차를 마실 수 있다.

재스민차의 좋은 향은 리소토나 수프 등의 요리에도 활용할 수 있다. 차와 꽃, 식재료 풍미의 융합을 즐겨보자.

「중국 꽃차」의 향을 살리는 레시피

만들어 봅시다

재스민향 바지락 현미 리소토

재료(2인분)
마늘 …… 1/2쪽(다진)
양파 …… 1/2개(다진)
올리브오일 …… 1큰술
바지락 …… 400g(해감해서 씻은)
화이트와인 …… 50㎖
재스민차 …… 400㎖
현미밥 …… 400g
더우미아오(완두순) …… 50g(뿌리를 제거하고 한입크기로 자른)
버터 …… 20g / 파르메산치즈 …… 35g
소금 …… 적당량

만드는 방법
1 올리브오일을 두르고 마늘과 양파를 볶다가 바지락과 화이트와인을 넣고 뚜껑을 덮어 익힌다. 바지락 입이 벌어지면 접시에 덜어놓는다. 바지락은 마무리로 장식할 분량을 제외하고 모두 껍데기를 제거한다.
2 재스민차와 현미밥을 넣고, 적당한 농도가 될 때까지 중불에서 섞으면서 끓인다.
3 1, 더우미아오, 버터, 파르메산치즈를 넣고 불에서 내린 뒤, 소금으로 간을 하고 장식용 바지락, 더우미아오(분량 외)와 함께 접시에 담는다.

재스민차의 고귀한 풍미와
바지락의 감칠맛을 마음껏 즐길 수 있다.

소금 ✕ 향

세계에서 생산되는 소금 중 바닷물에서 얻는 해수염은 30%, 호수염은 10%, 암염은 60% 정도이다. 호수염과 암염은 오래전 지각변동과 기후변화로 육지에 갇혔던 바닷물의 염분으로 만들어졌기 때문에, 따지고 보면 소금은 「바다의 선물」이라 할 수 있다.

고대의 4대 문명은 큰 강 유역에서 일어났는데, 사람의 생존에 필수적인 소금을 얻을 수 있는 염호나 염천, 건조한 해변에 가까운 것도 문명 성립의 조건이었다. 소금은 사람의 음식에 빼놓을 수 없는 최초의 조미료였던 것이다.

여기서는 소금의 기능과 향에 대해 자세히 알아보자.

향 때문에 염분을 느끼는 방식이 달라진다?
소금의 기능으로 식재료의 향이 달라진다?
소금과 향의 관계는 매우 깊네요.

──── 실습테마 ────

「소금」의 힘으로 달콤한 향이 생성된다

벚꽃향의 변화를 느껴보자

준 비

겹벚꽃★

소금 적당량

작은 병 등의 용기

★ 활짝 피기 전의 꽃을 선택해서, 꽃자루가 달린 채로 채집한다.
오염물이나 이물질을 제거한다.

과 정

1 겹벚꽃을 양손 가득 모은다.

코를 가까이 대본다. 은은하게 향이 나지만 약한 향이다.

2 꽃을 볼에 담고 적당량의 소금을 전체에 골고루 뿌린 뒤 살짝 주물러준다.

※ 벚꽃의 색을 유지하고 싶으면 매실초나 구연산을 물에 희석해서 넣는다.

3 숨이 죽으면 꽃을 1송이씩 꺼내서 꽃잎이 닫히도록 가지런히 정리해 작은 병에 겹쳐 넣는다.

다음날이면 벚꽃소금절임(사쿠라시즈오케)이 완성된다.

4 찻잔에 벚꽃소금절임 1개를 넣고 뜨거운 물을 부어 벚꽃차(사쿠라유)를 만든다.

결 과

벚꽃차에서는 생벚꽃과는 다른 향과 풍미가 느껴진다.

★ 소금에 절인 벚꽃의 잎과 꽃에는 특유의 달콤하고 부드러운 향이 있는데, 주성분은 향분자 「쿠마린(Coumarin)」이다. 생화나 생잎의 향은 그리 강하지 않지만, 소금에 절이면 삼투압에 의해 세포 속 액포가 손상되고 효소가 작용해 「벚꽃에 어울리는 쿠마린의 독특한 향」이 생긴다. 이렇게 해서 「벚꽃향」을 요리에 살릴 수 있다.

Q 소금을 사용하면 식재료의 향이 달라질까?

**소금의 기능성이 식재료 향의 변화와
관련이 있다.**

소금이란

사람의 생존에 필수적인 「소금」은 염화나트륨을 비롯하여 미네랄을 함유한 조미료이다. 우리 몸의 60~70%는 수분이고, 그중 1/3 정도가 세포체액인데, 이 세포체액의 나트륨이온 농도는 약 0.9%이다. 그리고 우리가 맛있다고 느끼는 요리의 짠맛은, 국물 요리의 경우 염분 0.8~0.9%, 조림요리의 경우 1% 정도가 기준이다.

소금은 미각에 짠맛을 느끼게 하는 조미료 역할 외에, 조리할 때도 오른쪽 내용과 같은 중요한 기능을 한다. 그중에는 식품의 향과 풍미에 관한 것도 있다.

체험실습에서는 ②의 삼투압을 이용해 벚꽃 속 세포를 파괴하고 반응을 일으켜서, 새로운 향분자를 만들어냈다.

소금의 기능과 음식의 향

① 미생물의 번식을 억제한다.
- 신선식품의 보존성을 높인다.
- 발효식품을 제조할 때 잡균 번식을 억제한다.
→ 이상한 냄새의 발생을 억제한다.

② 삼투압에 의해 채소에서 수분을 끌어낸다.
- 소금에 절이는 과정에서 효과가 나타난다.
→ 소금에 절임으로써 식재료의 향이 달라진다.

③ 밀의 글루텐 생성을 촉진한다
→ 빵 등 가공된 식품의 텍스처 변화에 의해 향이 달라진다.

그 밖에 소금물의 효소저해작용으로, 사과의 갈변을 막고 단백질 응고를 촉진시킨다.

COLUMN

역사 속 소금 이야기, 에이쇼인과 소금

오카지노카타(법명 에이쇼인)는 도쿠가와 이에야스의 측실로, 5녀 이치히메의 어머니이며 미토 도쿠가와 가문의 초대 당주인 요리후사의 양어머니로 알려진 인물이다. 그녀의 통찰력을 보여주는 일화 중 요리와 소금에 관련된 내용을 소개한다.

어느 날, 이에야스는 오쿠보 다다요, 혼다 마사노부 등의 신하들과 함께 옛 전투를 떠올리며 이야기를 나누고 있었다. 문득 이에야스는 모두에게 「이 세상에서 제일 맛있는 것이 무엇이냐」라고 물었다. 신하들이 여러 대답을

하던 중 곁에 있던 오카지노카타에게도 물었더니, 그녀는 「소금입니다. 소금이 없으면 어떤 요리도 간을 맞출 수 없어서 맛있게 만들 수 없습니다」라고 대답했다. 다시 이에야스가 「그럼 제일 맛없는 것은 무엇이냐」라고 묻자, 「그것도 소금입니다. 아무리 맛있어도 소금을 너무 많이 넣으면 먹을 수 없습니다」라고 답했다. 이에야스는 이를 듣고 「만약 남자였다면 좋은 장수로 활약했을 텐데 안타까운 일이다」라고 한탄했다고 한다.

※ 출처_「고로쇼단[故老諸談]」

Q 짠맛과 다른 맛은 서로 영향을 줄까?

> 대비작용과 억제작용도 한다.
> 소금은 맛을 보면서 조금씩 넣는다.

짠맛은 오미(단맛·짠맛·신맛·쓴맛·감칠맛)의 다른 미각과 상호작용을 한다. 소금을 넣었을 때 음식 맛의 변화는, 단순한 양의 증감으로는 계산할 수 없다. 주요 상호작용은 대비작용(서로 다른 맛을 동시에 맛보았을 때 한쪽이 다른 쪽을 돋보이게 한다)과 억제작용(서로 다른 맛을 동시에 맛보았을 때 한쪽 또는 양쪽의 맛이 약해진다)이다. 따라서 짠맛이 느껴지지 않는 아주 적은 양의 소금을 넣어도, 「가쿠시아지(숨은 맛)」로 작용하기도 한다.

짠맛과 다른 미각의 상호작용

① 단맛에 미치는 영향
   단맛은 소량의 짠맛을 더하면 강해진다(대비작용).
   예) 단팥죽에 소금을 조금 넣으면 단맛이 살아난다.
② 쓴맛에 미치는 영향
   쓴맛은 소량의 짠맛에 의해 억제된다(억제작용).
   예) 쓴맛이 강한 하귤 등에 소금을 조금 뿌리면 쓴맛이 억제된다.
③ 신맛에 미치는 영향
   매우 적은 양의 짠맛을 더하면 신맛이 강해지지만, 그 이상의 짠맛을 더하면 신맛이 억제된다.
   예) 배합초에 소금을 조금 넣으면 맛이 순해진다.
④ 감칠맛에 미치는 영향
   감칠맛에 소량의 소금을 더하면 감칠맛이 강해진다.
   예) 다시에 소금을 조금 넣으면 감칠맛이 증가한다.

또한 감칠맛은 짠맛을 억제한다. 예를 들어 간장의 염분 농도는 17%인데, 이 농도의 식염수는 맛을 볼 수 없을 정도로 짜지만, 간장은 감칠맛이 있기 때문에 그렇게까지 짜게 느껴지지 않는다. 염분의 양을 줄여야 하는 사람은 주의해야 한다.

뿐만 아니라 미각의 상호작용에서는 양쪽 미각의 농도 밸런스가 중요하다.

예를 들어, 단맛과 짠맛의 상호작용에서, 원래 단맛이 강한(자당의 농도가 높은) 경우에는 짠맛 첨가로 인한 영향에 민감해지므로, 단맛을 살리는 데 필요한 최적의 소금 양은 줄어든다. 또한 5가지 미각 사이의 상호작용뿐 아니라, 향(풍미)과 짠맛의 상호작용도 있다. p.100에서 살펴보자.

> 5가지 맛은
> 모두 영향을 주고받습니다.
> 중요한 것은 밸런스!

Q 향으로 「저염」이 가능할까?

> 짠맛을 강하게 만들어주는 향이 있다.
> 맛있게 저염식을 할 수 있다.

향과 저염

향(후각자극)에 의해 미각의 강도가 바뀐다는 것은 예전부터 알려져 있는 사실이다. 생활습관병 예방 등의 목적으로 음식의 맛을 유지하면서 염분을 줄이는 방법을 연구하면서, 「향」을 사용한 구체적인 저염 방법도 검토되고 있다.

예를 들어 17종의 허브, 즉 아니스, 바질, 셀러리, 커민, 저먼 캐모마일, 생강, 레몬그라스, 메이스, 우롱차, 오레가노, 파슬리, 페퍼민트, 차즈기, 양귀비 열매, 매괴화(해당화 꽃봉오리), 유자 껍질 등을 사용한 짠맛 증강에 대해 조사한 연구에서는, 바질, 셀러리, 저먼 캐모마일, 우롱차, 오레가노, 파프리카 등의 6종에서 짠맛을 강하게 만들 수 있다는 결과가 나왔다. 특히, 우롱차와 차즈기의 경우 짠맛의 질이 좋아졌다(산뜻함, 부드러움, 깔끔한 뒷맛)는 평가를 받았다. 짠맛과의 상호작용은 향의 종류마다 다르다고 추정된다.[1,2]

신기한 짠맛과 후각

사람들이 음식에서 풍미를 느끼는 방식에 대해서는, Part 1의 설명처럼, 후각에는 2가지 경로가 있음을 기억해야 한다.

코끝에서 올라오는 전비강성 후각(코끝향)과 입안이나 목을 통해 올라오는 후비강성 후각(입안향)이다.

일상의 경험으로 우리는 미각과 후각이 합쳐진 음식의 풍미를, 넓은 의미에서 「맛」으로 파악한다. 입안의 음식에서 느끼는 짠맛·단맛 등의 미각과, 동시에 그 음식이 입안이나 목구멍에서 발산하는 향을, 뇌가 하나의 정보로 정리해서 받아들이는 것이다.

「간장의 향이 짠맛을 강하게 만든다」는 것을 보여주는 연구 중에 후각의 2가지 경로 차이에 중점을 둔, 흥미로운 연구가 있다.[3]

코끝향은 주로 「들이쉬는 숨(들숨)」일 때 느끼는 후각, 입안향은 「내쉬는 숨(날숨)」일 때 느끼는 후각이다. 이 연구에 의하면 날숨와 함께 느끼는 간장향에 의해 짠맛이 강해지고, 들숨과 함께 느끼는 간장향에서는 짠맛이 강해지지 않았다고 한다. 향분자가 밖에서 오는 것인지, 체내(입안)에서 오는 것인지, 2가지 경로에 따라 맛을 느끼는 데 차이가 난다고 볼 수 있다.

미각과 후각이 융합된 「풍미」에 대한 수수께끼는 아직 많다. 앞으로도 새로운 방법으로 연구가 이루어질 것이다.

[1] 이 실험은 허브류를 하룻밤 물에 담가 우려낸 추출물과 짠맛을 입에 머금었을 때의 관능평가(실제로 사람이 맛보고 판단)를 기초로 검토한 것이다. 허브류의 「향(후각자극)」이 작용했다는 언급은 특별히 없고, 「향신료의 사용」이라고 표현했다.

[2] 『향신료의 짠맛에 미치는 영향 및 저염식에의 응용 가능성』 사사키 기미코 외, 미마사카대학 미마사카전문대학부 정기간행물 Vol. 63(2018)

[3] 『호흡과 연동된 간장 냄새 제시에 따른 짠맛 증강효과』 가쿠타니 유야 외, 일본 버추얼 리얼리티학회 논문지 Vol. 24, No.1(2019)

> 맛과 향의 관계는
> 재미있네요.

Q 「절임」의 향이 입맛을 돋운다

소금의 힘으로 잡균을 억제하고,
유산균이 맛있는 향을 만든다.

채소를 소금에 절이면 부피는 줄고, 보존성은 높아지며, 독특한 향과 풍미가 생긴다. 절임의 지혜는 각 지역의 향토요리에서 이어지고 있다.

일본의 소금

일본에서는 암염을 채취할 수 없기 때문에 고대부터 바다 소금을 사용해왔다. 『만요슈』에서도 「모시오[藻塩]」라는 단어를 볼 수 있다. 해조류를 바닷물에 적신 뒤 말려서 염분을 응축시켜 굽고, 여기에 바닷물을 넣고 졸여서 만든 소금이다. 또는 해조류의 염분을 바닷물로 씻어서 간수를 만들어 졸이는 방법도 있었다. 쓰케모노(채소절임)에 모시오를 사용하기 전에는, 사람들이 직접 채소를 바닷물에 담근 뒤 말리는 작업을 반복한 것이 쓰케모노의 원형이 되었다고도 한다.

유산균이 만드는 향

쓰케모노에는 염분이 적고 보존기간이 짧은 아사즈케(채소를 단시간에 절인 음식) 종류, 락교즈케(염교절임) 같은 조미절임 종류, 다카나즈케(갓절임)나 누카즈케(쌀겨절임) 같은 발효절임 종류가 있다.
발효절임은 잡균이 번식하기 어려운 5~10% 정도의 염분으로 오래 절이는 것으로, 유산균이 작용하여 식욕을 돋우는 향과 풍미가 형성되며, 보존상태도 양호하게 유지된다.

갓의 향분자가 활약?

발효절임 중 하나인 다카나즈케(갓절임)는 갓에서 유래된 향분자가 쓰케모노의 맛을 유지하는 데 도움이 된다. 일본에서 갓은 주로 규슈 지방에서 생산되는데, 아이소싸이오사이안산알릴(Allyl isothiocyanate)을 함유하고 있다. 와사비나 겨자와 공통되는, 코끝이 찡해지는 휘발성 향성분과 매운맛 성분이다. 이 성분은 편리하게도 공기 중에서는 다른 미생물의 생육을 강하게 억제하지만, 유산균에는 약하게 작용한다.
규슈 명산품이 된 다카나즈케 맛의 배경에는 소금과 유산균의 작용, 그리고 그것을 도와주는 식물의 향분자의 힘이 있다.

와사비, 겨자와 공통된 휘발성 향분자가 다카나즈케의 맛에 영향을 준다.

향소금을 사용해보자

**소금×향의 수제 조미료로
심플한 요리도 인상적으로!**

1997년 일본에서는 92년 동안 이어져온 소금 전매제도가 폐지되면서, 소금의 제조·수입·유통을 담당하는 자유로운 시장이 생겼다. 현재는 해외의 희귀한 암염이나 일본 각지의 해변에서 만들어진 바다 소금 등 다양한 「소금」이 판매되고 있는데, 그 차이가 뭘까?
각각의 소금은 입자의 크기, 모양 등에 따라 맛이 달라진다. 또한 염화나트륨 이외의 미네랄이나 불순물의 혼입 상태에 따라서도 맛이 달라진다.
소금의 선택지가 늘어나면서 요리에 사용되는 조미료로서 소금에 대한 관심이 높아지고, 향의 요소를 더한 소금도 주목받고 있다. 허브나 향신료와 블렌딩한 소금, 와인을 넣고 끓여서 풍미를 더한 와인소금, 다시마소금, 레몬소금, 훈제소금 등이 시판되고 있다. 일상적으로 먹는 메뉴도 향소금을 사용하면 다양하게 변화를 줄 수 있다.

가정에서 향소금을 만든다면 조금씩 만들어서 향이 휘발되기 전에 빨리 사용하는 것이 좋다.

향의 응용
중국에서 널리 사용하는 화자오소금은 춘권 등의 튀김요리에 곁들이는 등, 항상 식탁에 두고 사용하는 조미료이다. 또한, 디저트를 만들 때 사용하는 팔각소금도 있다. 향소금을 만드는 방법은 2가지다. 향신료를 가루형태로 만들어 소금과 블렌딩하는 방법과, 소금과 향신료를 함께 밀폐용기에 넣어 은은하게 향이 배어들게 하는 방법이다.

레시피 1

화자오소금
재료_ 소금 20g, 화자오(붉은 껍질 부분만) 1큰술
만드는 방법_ 소금을 살짝 볶은 뒤, 절구로 빻아 가루로 만든 화자오를 섞는다.

레시피 2

팔각소금
재료_ 소금 20g, 팔각(가루) 1큰술
만드는 방법_ 소금을 살짝 볶은 뒤 팔각과 섞는다.

「향소금」으로 향을 더하는 레시피

만들어
봅시다

크림치즈와 금화햄 카나페

재료(4인분)
크림치즈 …… 125g
금화햄(중국 저장성 금화에서 만드는 세계 3대 햄)
…… 60g(다진)
실파 …… 적당량(송송 썬)
올리브오일 …… 적당량
바게트 …… 적당량(슬라이스해서 토스트)
화자오소금(레시피1 참조) …… 적당량

만드는 방법
1 크림치즈를 부드럽게 풀어준 뒤 금화햄을 섞는다.
2 바게트에 **1**을 바르고 실파, 올리브오일, 화자오소금을 뿌린다.

부담없이 만들 수 있는 세련된 안주.
화자오소금의 향이 빵과 치즈의 단맛을 잘 살린다.

감미료 ✕ 향

설탕, 꿀, 메이플시럽, 팜시럽, 아가베시럽 등, 인류는 단맛을 찾아서 재료를 탐색하고 재배방법이나 채취방법을 연구해왔다. 감미료로 쓰이는 당은 주로 단당류나 이당류인데, 그 자체에는 향이 없지만 가열로 생긴 향은 음식에 널리 활용되고 있다. 여기서는 몇 가지 감미료를 중심으로 특징을 파악하고, 향과 단맛에 대해 알아본다.

흔히 「달콤한 향」이라고 말하지만, 설탕에는 향이 없습니다. 하지만 단맛을 더 강하게 만드는 향이 있고, 가열한 설탕은 향을 발산합니다.

체험실습 ⑩

실습테마

설탕을 가열하면 향이 생긴다

캐러멜화 반응이 만드는 맛을 느껴보자

준 비

그래뉴당 4큰술
물 3큰술
작은 냄비

과 정

1 먼저 설탕의 향을 맡아본다.
설탕 자체에는 향이 없다는 것을 알 수 있다.

2 작은 냄비에 물과 설탕을 넣고 약불에 올린다.
젓지 말고 냄비를 흔들면서 가열한다.

3 수분이 끓으면서 기포가 생기고 전체적으로 갈색으로 변한다.
달콤한 향이 퍼진다.

4 160~185℃에서 캐러멜소스 상태가 된다.
마지막에 뜨거운 물을 조금 넣어 농도를 조절한다.
지나치게 가열하면 끈기가 생기고 검게 변하므로 주의한다.

5 식으면 1숟가락 떠서 입에 머금어본다.

결 과

향뿐 아니라 맛도 살짝 씁쓸하게 변한다.
향과 맛의 변화로, 설탕과 전혀 다른 풍미가 된다.

★ 푸딩이나 팬케이크의 악센트로 사용하는 캐러멜소스. 향이 없는 설탕도 가열하면 캐러멜화 반응을 일으켜 복잡한 향과 풍미가 생긴다.
p.107에서 캐러멜화 반응에 대해 자세히 알아보자.

Q 단맛을 강하게 만드는 향이 있을까?

> 바닐라, 시나몬, 아니스 등에서
> 향과 단맛의 상호작용이 확인되었다.

선천적으로 좋아하는 것은 「단맛」

단맛은 미각의 오미 중에서도 사람이 선천적으로 좋아하는 맛이다.

신생아의 맛에 대한 반응을 알아보기 위해 짠맛, 신맛, 쓴맛, 단맛에 대한 표정을 촬영한 실험에서, 태어난 지 1~2시간 된 신생아도 단맛에는 웃는 얼굴을 보였다. 사람이 이러한 본능적인 취향을 갖는 이유는, 당이 생존에 필요한 에너지를 주기 때문에 생리적인 맛을 느끼는 것이라고 생각된다.[1]

사람을 미소 짓게 하는 단맛, 이 단맛을 강하게 느끼게 해주는 향이 있을까?

단맛을 강하게 만드는 향

바닐라, 시나몬, 아니스, 팔각 등의 향신료 용액에 5%의 설탕을 첨가하자, 설탕물보다 단맛이 강하게 느껴졌다는 연구결과가 있다. 요리의 당분을 조금 줄이고 싶을 때, 이런 향신료를 이용하면 설탕의 양을 줄일 수 있다.[2] 또 다른 연구에서는 아니스, 셀러리, 레몬그라스, 메이스, 우롱차, 포피시드(양귀비 씨)가 단맛을 강하게 만들어준다는 결과를 얻었다.[3]

단맛이 영향을 주는 향의 감각

반대로 단맛이 향에 영향을 주기도 한다. 바나나 같은 향의 「아세트산 아이소아밀(Isoamyl Acetate)」을 사용한 실험에서, 입안에서 느끼는 과일 풍미의 강도에는 자당의 단맛과 미각이 영향을 주는 것으로 밝혀졌다. 우리는 달지 않은 바나나를 경험해 본 적이 없기 때문에, 향과 동시에 단맛을 느끼지 않으면 「바나나향」을 떠올리기 어렵다. 사람이 느끼는 「풍미」는 후각과 미각의 상호작용의 밸런스에 의해 만들어진다.

[1] 그러나 단맛을 가진 물질이 반드시 인체에 영양분이 되는 것은 아니다. 단맛을 가진 물질 중에는 독성이 있는 것도 있다. 과거의 감미료 개발에서는 그 점을 주의해왔다.

[2] 『각종 조리에서 향신료의 단맛 증강효과』 이시이 가쓰에 외, 일반사단법인 일본가정학회 연구발표요지집 57회 대회

[3] 『향신료의 식품 성분이 미각에 미치는 영향에 대해』 사사키 기미코 외, 미마사쿠대학·미마사쿠대학 단기대학부 정기간행물 Vol.60(2015)

가열에 의한 설탕물의 상태와 향의 변화

온도	상태	용도
103~105℃	바닥에서 크고 작은 거품이 올라온다. 무색투명하고 물에 잘 녹는다.	시럽조림이나 음료에 첨가
107~115℃	거품이 많아진다. 식으면 살짝 실이 생긴다. 급랭한 것은 부드럽다.	급랭 후 저어서 퐁당으로
140℃	점성이 강해진다. 급랭하면 단단해져 손가락으로 뭉쳐지지 않는다.	태피(설탕으로 만든 말랑한 사탕), 사탕 등으로
145℃	끈적하고 작은 거품. 식으면 유리 같은 투명한 상태가 된다.	드롭스 사탕 등으로
165℃	전체적으로 옅은 노란색을 띤다. 식으면 단단한 사탕이 된다.	벳코아메(설탕으로 만든 엿처럼 노랗고 투명한 사탕)로
165~180℃	옅은 갈색으로 좋은 향이 난다. 점성이 약해진다.	캐러멜소스로
190~200℃	타는 냄새와 함께 연기가 난다. 흑갈색이 된다.	착색용 캐러멜로

설탕에 물을 넣고 가열하면 온도에 따라 상태와 향이 크게 변한다. 제과에서는 이런 성질을 이용한다.

설탕에도 향이 있을까?

가열하면 캐러멜화 반응으로
향이 생성된다.

캐러멜화 반응으로 향 생성

체험실습 ⑩ (→ p.105 참조)에서처럼 설탕(자당) 자체
에는 향이 없다. 하지만 설탕을 가열하기 시작하면
단일종 분자가 파괴되면서 수백 가지나 되는 향물질
이 생겨나는 것은 정말 신기한 일이다. 향이 변하면
서 쓴맛이나 신맛이 생기고 색이 갈변하는 화학반응
을 「캐러멜화」라고 한다.

달콤한 향의 「말톨(Maltol)」, 「아이소말톨(Isomaltol)」,
그 밖에 탄 듯한 달콤한 향의 「소톨론(Sotolon)」,
과일 같은 향의 「에스테르류(Esters)」와 「락톤류
(Lactones)」, 버터 같은 향의 「디아세틸(Diacetyl)」 등
이 생성되어 복잡한 향이 된다.

또한 아미노산을 함유한 다른 식재료나 조미료와 함
께 가열할 경우, 캐러멜화와 함께 마이야르 반응(→
p.46 참조)도 일어나서 황이나 질소를 함유한 향도 더
해진다.

p.106의 표에 가열에 의한 온도상승으로 달라지는
설탕의 상태를 정리했다. 온도가 올라가면서 시럽
상태, 사탕 상태, 캐러멜 상태로 변화한다. 각각의
상태에서 요리나 과자에 풍미나 색을 내기 위해 이용
된다.

흑당의 향

설탕은 함밀당과 분밀당으로 분류된다. 대표적인 함
밀당은 흑당이다. 함밀당은 사탕수수즙에서 불순물
등을 제거한 뒤 그대로 농축 · 냉각시킨 것으로, 자당
이 80% 정도이고 분밀당에 비해 미네랄이 많으며 그
만큼 쓴맛과 떫은맛이 있다.

일본에서 처음 설탕을 만든 것은 류큐왕조 때라고 하
는데, 1623년 중국 푸젠에 사신을 파견하여 제당법
을 배우게 한 뒤 흑당을 만들었다고 한다. 흑당의 향
이나 색은 생산 장소(품종과 생육 환경)에 따라 다르
지만, 흑당이 함유한 일반적인 향성분은 피라진류
(Pyrazine)와 페놀류(Phenols)로, 독특한 고소한 향과
단맛이 어우러진 풍미이다.

COLUMN

얼음설탕과 매실주의 풍미

6월이 되면 집에서 직접 매실주를 담그는 사람들이 많다.
필요한 재료는 소주, 청매실, 설탕이 기본인데, 일본에서
는 일반 설탕이 아닌 얼음설탕을 사용한다. 얼음설탕을
사용하면 더 맛있는 매실주를 만들 수 있다는데, 그 이유
는 무엇일까. 풍미가 풍부한 매실주를 만들기 위한 포인
트는 매실에 함유된 향분자를 알코올에 충분히 녹이는
것이다. 얼음설탕과 소주를 넣고 매실주를 담그면, 먼저

알코올이 삼투압이 높은 매실 열매에 침투해 향분자를
포획한다. 한편, 매실 주위의 소주는 얼음설탕이 녹으면
서 서서히 당도가 높아진다. 매실의 겉껍질을 경계로 바
깥쪽의 삼투압이 높아지는 것인데, 그러면 매실향을 함
유한 알코올이 껍질 밖으로 배어나온다.
녹는 데 시간이 걸리는 얼음설탕이 매실향 추출에 한몫
을 한다.

설탕을 사용해보자

과일과 꽃의 풍미를 설탕의 힘으로 가두어 유지시킨다.

설탕이란 주성분이 자당(포도당과 과당이 결합한 이당류)인 감미료를 말한다. 그래뉴당은 99.95%, 상백당은 97.8%의 자당을 함유한다.

단당류인 과당은 단맛이 강하기 때문에, 자당이 분해되어 포도당과 과당으로 이루어진 전화당이 단맛은 더 강하게 느껴진다. 자당의 단맛은 느껴질 때까지 시간이 조금 걸리지만 비교적 오래 지속된다. 반면 과당은 단맛이 빨리 느껴지지만 오래 지속되지 않는다. 또한 자당 자체에는 향이 없다.

자당은 많은 식물에 함유되어 있지만, 조미료로 사용하는 설탕을 얻을 수 있는 식물은 한정적이다. 벼과의 여러해살이풀인 사탕수수나 명아주과의 사탕무(감채)가 대표적이며, 착즙한 것을 졸여서 얻은 원료당에서 여러 과정을 거쳐 설탕이 만들어진다.

설탕의 기능

자당은 단맛을 내는 것 외에도 조리에 이용할 수 있는 다양한 기능이 있다. 수분을 흡수하는 성질이 있기 때문이다. 자당의 구체적인 기능은 다음과 같다.

① 미생물의 번식을 억제하고 보존성을 높인다.
② 머랭이나 생크림 등의 거품을 안정시킨다.
③ 전분의 노화를 억제한다.
④ 고기를 부드럽게 만든다.
⑤ 식재료의 향성분을 유지한다.

꽃과 과일로 만든 설탕절임

향기로운 꽃과 과일로 만든 설탕절임은 보존성이 좋고, 풍미를 즐길 수 있으며, 식감이 재미있어 세계 여러 나라에서 만들어진다. 특히 제비꽃 설탕절임은 19세기 오스트리아의 황후 엘리자벳이 좋아하던 음식으로 널리 알려져 있다.

만드는 방법은 고농도의 설탕시럽에 제비꽃을 조린 뒤 건조시키거나, 달걀흰자와 그래뉴당을 이용하는 방법이 있다. 달걀흰자는 꽃이나 과일에 설탕을 붙여줄 뿐 아니라 항균 역할도 한다.

「설탕」으로 향을 지키는 레시피

만들어 봅시다

머스캣 설탕절임

재료
머스캣 …… 적당량
달걀흰자 …… 1개 분량
그래뉴당 …… 적당량
샴페인 …… 적당량

만드는 방법
1 머스캣을 달걀흰자에 담갔다 빼서 설탕을 묻힌 뒤, 망 위에 올려 설탕이 바삭해질 때까지 건조시킨다. 선풍기나 서큘레이터로 바람을 쐬면 비교적 빨리 완성된다.

※ 과자처럼 그대로 먹어도 좋고 샴페인에 넣어서 즐길 수도 있다.

머스캣 한 알로 과일향이 입안에 가득찬다.
과즙이 풍부하고 산뜻한 맛의 간식.

설탕의 전파

기원전 4세기 알렉산더대왕이 동방원정으로 인도에 도착했을 때 「인도에서는 벌의 힘을 빌리지 않고 갈대에서 꿀을 얻을 수 있다」라는 보고를 받았는데, 이것이 유럽이 처음 만난 「설탕」이었다.

수천 년 전 태평양의 섬들에서 전파하기 시작했다고 추정되는 사탕수수는, 인도에서는 이미 감미료로 이용되고 있었다. 로마의 약학자 디오스코리데스는 인도의 설탕을 소금처럼 보슬보슬한 「일종의 결정화된 꿀」로 비유하였다. 당시 유럽에서는 꿀이 일반적인 감미료였다. 야생 꿀벌집에서 꿀을 채취한 것은 인류 문명 이전부터였으며, 고대 이집트의 양봉기술은 고대 그리스와 로마에도 전해졌다.

지금은 설탕이 유럽의 디저트 문화에 필수적인 재료이지만, 일반적으로 사용되기 시작한 것은 중세 중반 이후이다. 그 당시 설탕은 아랍에서 알렉산드리아를 경유하여, 베네치아 무역상들이 향신료와 함께 가져온 약이었다. 그 뒤 감미료로서 설탕의 인기는 각지로 퍼져나갔다. 1287년 영국 왕궁에서는 1년 동안 백설탕 300㎏, 제비꽃설탕 140㎏, 장미설탕 860㎏을 사용했다고 한다.

15세기가 되자 이탈리아에서는 사들인 사탕수수로 설탕을 만드는 제당시설이 생겨나면서, 상류층뿐만 아니라 일반 서민들도 설탕을 손쉽게 사용할 수 있게 되었다. 이 시기에 제과의 기술이나 예술성도 세련되게 발전하였다. 16세기에는 유럽 국가들의 식민지 지배에 의한 플랜테이션 농장에서 사탕수수 재배가 시작되면서 점차 많은

양의 설탕을 소비하게 되었다. 18세기 유럽의 폭발적인 설탕 소비를 뒷받침한 것은 식민지 지배하의 노예제도였다.

일본에 설탕이 전해진 것은 8세기 나라시대이다. 그때까지는 단맛이 나는 음식은 과일이 대부분이었다. 그 뒤로 15세기 무렵 다도의 발달로 화과자가 발달했고, 16세기 남만무역시대에는 카스테라 등 설탕을 많이 사용한 유럽의 과자들이 전파되었다. 한국의 경우 삼국시대나 통일신라시대에도 설탕이 알려져 있었다고 추정되지만 남아 있는 기록은 없다. 처음으로 설탕에 관한 기록이 확인된 것은 고려시대이다. 설탕은 송나라에서 후추와 함께 들어와, 처음에는 약재로 사용되었다.

사탕수수는 수천 년 전부터 태평양의 섬들에서 사용되어 온, 설탕의 원료가 된 농작물이다.

Q 꿀향의 정체는?

꿀향은 벌이 꿀을 따오는
꽃의 향으로 결정된다.

고대 이집트에서는 꿀벌이 왕가를 표시하는 문장(紋章)에 사용되었다. 유적 레크미르의 무덤에는 고대부터 양봉이 이루어졌음을 보여주는 그림이 남아 있다. 꿀은 고농도의 당분을 함유하여, 보존성이 높고 풍미가 풍부한 식품이다. 비타민, 미네랄, 폴리페놀 등 미량 성분을 함유하는 경우도 있어서, 오랫동안 약으로 사용되었다. 들판에 핀 꽃의 꿀샘에서 분비되는 꽃꿀을 우리가 아는 「꿀」로 가공하는 것은, 사람이 아닌 작은 꿀벌들이다. 지금과 같은 꿀벌이 지구상에 나타난 것은 약 500만 년 전이라고 한다.

꿀벌의 꿀 만들기

꿀벌에 대해서는 몇 가지 독특한 생태가 알려져 있는데, 꿀을 만들 때도 매우 조직적으로 움직여서 흥미롭다.

천연 꽃꿀의 당도는 7~70%로, 꽃을 찾아온 꿀벌들은 먼저 운반 가능한 범위에서 물기가 적은 고당도의 꿀을 골라, 자신의 몸속에 있는 꽃꿀 전용주머니인 「밀위」라는 기관에 담아 집으로 가져간다. 1마리가 하루에 25번 왕복해서 가져가는 꽃꿀은 0.06g이다.

벌집 안에는 꿀 저장을 담당하는 「품질관리 담당」 꿀벌들이 기다리고 있다. 이렇게 벌집 안에서 일하는 꿀벌도 밖에서 가져온 꽃꿀을 먼저 자신의 「밀위」에 보관한다. 한 가지 재미있는 것은 가져온 꽃꿀의 품질이 좋지 않을 경우, 품질관리 담당 꿀벌이 꿀을 받지 않는다. 꿀을 가져온 벌은 난감해서 안절부절하다가, 경험이 적어서 품질 차이를 잘 알지 못하는 벌을 찾아가 꿀을 준다고 한다.

꽃꿀을 받은 품질관리 담당 꿀벌은 그 뒤로 수분을 증발시키는 동작을 반복해서, 당도가 50% 이상으로 올라가면 꿀을 저장하는 벌꿀방에 저장한다. 벌집 중앙의 온도는 35℃ 정도인데, 꿀벌들의 날갯짓으로 환기하는 과정 등을 거치면 최종적으로 당도 약 80%의 꿀이 완성된다. 그러면 꿀벌은 몸속에서 왁스(밀랍)를 꺼내 얇게 펴서 수분이 들어가지 않도록 벌꿀방에 덮개를 씌운다.

꿀향, 꽃향

사람들은 꿀의 달콤한 향을 좋아하는데, 이 향은 어디에서 유래한 것일까. 꿀벌이 꽃꿀을 가공하는 과정에서 벌이 옮겨온 향분자에 의해 생긴 것은 아닐까.

외부의 향이 유입되지 않는 상황을 만들고, 벌이 꽃꿀이 아닌 자당용액을 빨게 하는 실험을 한 기관에서 진행했다. 그 결과, 완성된 꿀에 함유된 향분자는 준비한 자당용액과 같아서, 꿀벌이 새로 부여하는 향은 없는 것으로 밝혀졌다. 저마다 다른 꿀향의 개성은 꽃꿀과 꽃가루에서 유래된 것으로만 결정된다.

꿀향에는 일반적으로 캐러멜 같은 향, 바닐라 같은 향, 프루티한 향, 꽃 같은 향, 버터향이 포함되지만, 꽃꿀의 원료식물에 따라 향에 차이가 생긴다. 꽃꿀을 채취할 수 있는 식물은 세계에 300종 이상 있으며, 연꽃, 유채, 아카시아, 칠엽수, 보리자나무 등과, 그 밖에 특히 향이 좋아서 인기가 많은 감귤류나 라벤더 등이 있다. 또한 색이 진하고 다소 탄 듯한 향을 지닌 밤이나 메밀의 꽃꿀에는 단백질이 함유되어 있어, 꿀향에 영향을 준다.

메이플시럽을 사용해보자

> **사탕단풍나무 수액을 가열하면
> 독특하고 복잡한 향이 생긴다.**

메이플시럽은 단풍나무과 식물 사탕단풍나무(*Acer saccharum*) 등의 수액을 오랫동안 졸여서 만든 감미료이다. 북미에서는 오래전부터 사용되어, 미국 원주민들의 식생활에서 중요한 위치를 차지하고 있다. 1ℓ의 메이플시럽을 얻기 위해서는 40ℓ의 수액이 필요하며, 과당이나 포도당이 많은 꿀과는 달리 자당을 많이 함유한다.

수액을 졸이는 과정에서 캐러멜화나 마이야르 반응이 일어나기 때문에, 수액에서 유래한 바닐라 같은 달콤한 향 「바닐린(Vanillin)」, 꽃 같은 향 「시링알데하이드(Syringaldehyde)」와 함께, 달콤한 탄내의 「푸르푸랄(Furfural)」이나 「소톨론(Sotolon)」을 함유한 복잡한

향이 생긴다. 또한 메이플당이란, 이 시럽을 더욱 농축시켜 당을 결정화시킨 것이다.

향의 응용

메이플시럽 생산량 세계 1위 캐나다에서는 토핑용 외에 요리의 조미료로도 사용한다. 알싸한 매운맛이 있는 생강과 함께 조합하면, 더 다양하게 활용할 수 있다.

레시피 1

생강메이플시럽

재료_ 메이플시럽 180㎖, 생강(슬라이스) 1/2쪽
만드는 방법_ 모든 재료를 병에 담아 1주일 정도 둔다. 팬케이크나 와플의 토핑으로 사용해도 좋고 뜨거운 물에 녹여 음료로도 즐길 수 있다. 고기요리의 소스나 드레싱 등으로 사용해도 좋다.

※ 자당 비율이 높은 메이플시럽은 산을 첨가해서 가열하면 포도당과 과당으로 전환되어, 조리할 때 캐러멜화뿐 아니라 마이야르 반응(p.46 참조)이 쉽게 일어난다. 식초와 함께 가열하면, 고기요리에 잘 어울리는 풍부한 풍미의 소스를 만들 수 있다.

「메이플시럽」의 향을 살리는 레시피

만들어 봅시다

생강메이플소스를 뿌린 돼지고기 소테

재료(2인분)
돼지 목심 …… 2장(1장당 약 160g)
소금 …… 2/3작은술
검은 후추 …… 조금
양파(작은) …… 1개(2㎝ 둥글게 썬)
라디치오 …… 1/2개(2등분)
올리브오일 …… 1큰술+1/2큰술

생강메이플소스
생강메이플시럽(레시피1 참조) …… 50㎖
화이트와인비네거 …… 50㎖
버터 …… 6g
소금 …… 조금

만드는 방법
1 올리브오일 1큰술을 두른 프라이팬에 소금, 검은 후추를 뿌린 돼지 목심을 구운 뒤, 망 위에 올려 알루미늄포일로 덮어둔다.
2 생강메이플소스를 만든다. **1**의 프라이팬에 생강메이플시럽과 화이트와인비네거를 넣고 걸쭉해질 때까지 끓이다가, 버터를 녹이고 소금으로 간을 한다.
3 프라이팬에 올리브오일 1/2큰술을 두르고 양파와 라디치오를 천천히 볶는다. 접시에 **1**과 함께 담고 **2**를 뿌린다.

메이플시럽의 깊은 풍미와 알싸한 생강의 마리아주.
돼지고기 소테에 잘 어울리는 소스이다.

식문화로 살펴본 향의 역할

나무 X 향

나무는 여러 가지 면에서 우리의 생활을 지탱해주고 있다. 나무줄기의 세포벽은 주로 셀룰로오스(Cellulose), 헤미셀룰로오스(Hemicellulose), 리그닌(Lignin)으로 이루어져 있는데, 이들은 소화하기 힘들어서 식재료로는 사용되지 않지만 음식의 조리나 양조 과정, 또는 식사할 때 중요한 역할을 해왔다.

향을 부여하는 것도 그 역할 중 하나인데, 줄기와 가지뿐 아니라 잎과 열매도 식생활에 풍부한 향을 선사해주었다.

여기서는 식문화 속 나무의 이용과 향의 관계에 대해 알아본다.

마음이 편안해지는 나무향은,
식문화에서도 중요한 역할을
해왔습니다.

Q 나무향은 어떻게 이용되어 왔을까?

조리도구, 식기, 식재료의 향으로,
오래전부터 이용되어 왔다.

조리도구와 나무향

일본에서는 편백나무, 삼나무, 소나무, 일본목련, 녹나무, 조장나무 등 향이 나는 나무를 생활 속에서 유용하게 사용해왔다. 주방에서도 나무로 만든 조리도구, 그릇, 수저 등이 은은한 향과 항균작용으로 중요한 역할을 해왔다.

조리할 때 빼놓을 수 없는 나무로 만든 도구를 꼽는다면, 도마가 가장 먼저 떠오른다. 도마에 대한 기록은 나라시대로 거슬러 올라가며 무로마치시대에는 요리사가 4개의 다리가 있는 도마로 생선을 조리했다.

도마의 재료로 사용되는 나무로는 편백나무, 일본목련, 오동나무, 은행나무, 계수나무 등이 있다. 특히 편백나무는 질감, 경도, 내구성, 색감 등이 뛰어날 뿐 아니라, α-피넨(α-Pinene)이나 카디놀(Cadinol)과 같은 향분자의 작용에 의해 상쾌한 향과 항균작용이 있어 요리사들이 애용해왔다.

또한 찜요리에 사용하는 찜기도 편백나무, 삼나무, 대나무로 만든 것을 많이 사용하는데, 삼나무 제품의 경우 가열하면 삼나무향이 강하게 풍긴다.

나무로 만든 그릇을 선호하는 경우도 있다. 술잔은 유리나 도자기로 만든 것이 일반적이지만, 일본에서는 청주를 나무잔이나 편백나무 마스(나무로 만든 네모난 잔)로 마시기도 한다. 편백나무향과 함께 맛보는 청주는, 다른 잔으로는 느낄 수 없는 특별한 풍미를 선사한다.

잎과 싹을 사용하는 지혜

나뭇잎의 향과 항균작용을 이용한 전통요리는 여러 지역에서 이어지고 있다.

• 호바미소

호노키[朴の木, 일본목련]의 잎인 호바[朴葉]를 사용한 기후현의 「호바미소[朴葉味噌]」는, 나뭇잎의 향을 잘 살린 향토요리이다.

호노키는 목련과의 갈잎나무로 일본 전국의 산지와 평지에서 자라며 20~40㎝ 정도 되는 크고 튼튼한 잎이 달리는데, 잎에 좋은 향이 있을 뿐 아니라 방부작용도 있어서 주먹밥이나 반찬, 스시, 떡 등의 식품을 싸는 용도로 사용되었다.

호바미소에는 떨어진 마른 잎을 사용하며, 다진 파와 미소된장을 잎 위에 올린 뒤 석쇠 위에 놓고 약불로 구워서 먹는데, 호바의 좋은 향이 식욕을 돋워서 밥과 함께 먹으면 궁합이 잘 맞는다(마른 잎은 조리 전에 몇 분 정도 물에 담근 뒤 물기를 닦아서 사용한다).

• 가시와모치

간토 지방의 대학생들에게 나뭇잎으로 싼 화과자라고 하면 어떤 것이 생각나는지 질문한 조사에 「가시와모치[柏餅]」라고 답한 학생이 가장 많았는데, 가시와모치는 일본에서 단오절에 많이 먹는 화과자이다. 가시와(떡갈나무)는 참나무과 갈잎떨기나무로 향이 좋은 잎이 달리는데, 살짝 데친 어린잎의 물기를 제거한 뒤 멥쌀가루로 만든 떡을 싸서 찐 것을 가시와모치라고 한다. 일본에서는 예로부터 술잔이나 밥을 담는 식기로 이 잎을 사용했는데, 가시와[柏]는 「가시이해[炊葉, 음식을 싸는 잎]」에서 유래된 이름이다.

• 두릅나무 싹

두릅나무는 높이 2~6m로 두릅나무과 갈잎떨기나무이다. 산과 들에 자생하며 봄부터 초여름까지 나오는 새싹에 독특한 풍미가 있다. 일본에서는 덴푸라로 먹거나 데친 뒤 참깨를 넣고 무쳐서 먹는다.

삼나무판을 사용해보자

나무를 조리도구로 사용하는 것은
지금도 이어지는, 나무향을 즐기는 아이디어.

스기이타야키의 전통

나무의 「좋은 향」을 조리도구로 살리는 방법이 있다. 금속냄비나 프라이팬 대신 나무 위에서 조리하는 것이다. 일본요리의 역사에서 「이타야키[板焼き]」, 「스기야키[杉焼き]」, 「스기이타야키[杉板焼き]」, 「헤기야키[へぎ焼き]」 등의 이름으로 이어져 온, 삼나무판에 식재료를 올려서 굽는 조리방법을 소개한다.

에도시대 대표 요리서 『료리모노가타리[料理物語]』(1643년)에는, 간결하지만 구체적으로 당시의 일반적인 식재료와 조리방법이 기록되어 있다. 「야키모노(구이)」를 다룬 부분에 「헤기야키」에 대한 기록이 있는데, 「삼나무판에 1장씩 올려놓고 굽는 것」이라고 설명되어 있다. 그 뒤에 나온 『만포료리히미쓰바코[万宝料理秘密箱]』(1785년)의 달걀요리를 다룬 「다마고햐쿠친[卵百珍]」 편에도, 「스기야키타마고[杉焼卵]」 등 삼나무판 위에 재료를 올려서 굽는 레시피가 실려 있다. 삼나무판으로 굽는 요리는 무로마치시대의 기록에서도 확인된다.

현재의 스기이타야키

현재는 스기이타야키를 「생선이나 고기류, 조개, 채소 등을 삼나무판 사이에 끼우거나, 삼나무로 만든 상자에 넣고 구워서 삼나무향이 배어든, 풍미가 좋은 구이요리」라고 설명한다. 친숙한 나무를 활용해 식재료나 조미료에 향을 부여하는 조리방법은 시대를 초월해 이어지고 있다.

그런데 최근에는 우드 플랭크(Wood Plank)를 사용한 바비큐도 인기를 끌고 있다. 밑간을 한 닭고기나 생선을 삼나무 등의 나무판 위에 올려서 불에 굽는다. 아래 레시피에서 소개하는 나무향을 만끽할 수 있는 요리는, 바비큐의 메인디시로도 어울리는 「스기야키」이다.

「삼나무판」의 향을 살리는 레시피

만들어
봅시다

연어 삼나무판 구이

재료(6인분)

연어(껍질 포함) ······ 800g(뼈 제거)

소금 ······ 10g

레몬 ······ 1개(2등분)

숯 ······ 적당량

만드는 방법

1 연어에 소금을 뿌리고 손으로 문질러서 배어들게 한다.

2 물에 적신 삼나무판에 연어를 얹고 불을 피운 그릴 위에 올려 뚜껑을 덮는다. 중불에서 레몬도 함께 굽는다. 연어가 익으면 완성.

현대판 스기이타야키에 도전.
삼나무향과 함께 즐기는 연어는 특별한 맛이 난다.

Q 나무향을 살린 술이 있을까?

세계의 명주는 제조할 때
참나무나 삼나무 등 나무의 향을 이용한다.

오크통

세계의 명주 제조과정을 보면 발효나 증류 과정 뒤에 이어지는 숙성 단계에서, 향을 한층 더 풍부하게 만들기 위한 노력을 엿볼 수 있다. 시간이 지나면서 성분 변화 외에 영향을 많이 받는 요소는, 술을 담은 용기에서 술로 향이 배어드는 것이다.

와인, 브랜디, 위스키(→ p.72 참조)도 나무통 숙성과정을 거쳐야 한다. 유럽에서는 와인이나 증류주를 숙성시킬 때 오크(참나무)통을 많이 사용하는데, 새 통인지 사용한 통인지, 또는 사용 전에 내부를 구웠는지 안 구웠는지 등에 따라 술의 향이 달라진다. 새 통을 사용하면 진한 나무향이 술에 배어든다. 또한 목재를 구우면 새로운 향분자의 생성이 촉진되기도 한다.

나무의 세포벽을 구성하는 리그닌(Lignin)은 여러 분자가 연결된 복잡한 구조의 천연 화합물이다. 리그닌을 태우면 과이어콜(Guaiacol, 스모키한 약품계열의 향), 바닐린(Vanillin, 바닐라 같은 달콤한 향), 아이소유제놀(Isoeugenol, 스파이시한 향)이 생성된다.

요시노스기로 만든 통

일본은 에도시대에 모든 술을 삼나무통이나 편백나무통에 저장하였다. 에도시대 후반까지 에도에서 마시는 술은 간사이 지방에서 만든 뒤 5~10일 정도 걸려서 에도로 가져온 「구다리자케[下り酒]」였기 때문에, 술이라고 하면 술통의 향이 배어든 것이 일반적이었다. 현재는 완성된 술을 유리병에 담아 판매하는 경우가 많지만, 통술의 풍미는 여전히 인기가 많다.

술통을 만드는 목재는 산지나 가공방법에 따라 향이 다른데, 술통을 만들 때 가장 좋은 목재는 요시노스기(나라현 요시노 임업지대에서 생산된 삼나무)로, 수령 60~90년의 고쓰키[甲付き, 겉은 하얗고 안은 붉은빛을 띤다]라고 한다.

술통에 넣기 전의 청주와 통에 저장한 청주는 향에 어떤 차이가 있을까? 청주를 15℃에서 2주 동안 삼나무통에 저장했을 때의 향성분을 조사하자, 통술에는 삼나무 목재에서 유래된 세스퀴테르펜(Sesquiterpene) 종류와 세스퀴테르펜 알코올 종류가 함유된 것으로 나타났다. 저장기간이나 온도(4℃, 15℃, 30℃)의 차이에 따라 향의 침출도는 달라졌다. 또한 알코올 농도가 높을수록 향분자가 많이 추출되었는데, 이는 향분자가 물보다 알코올에 잘 녹는 성질(→ p.66 참조)이 있기 때문이다.

통술과 요리

일본에서는 통술에 어울리는 안주로 장어를 꼽는데, 이것도 「향」의 작용과 관련이 있을까?

통술의 향과 장어의 관계를 과학적으로 증명한 실험은 찾지 못했지만, 통술과 요리의 궁합에 대한 연구에서 통술이 기름기를 완화하는 작용이 있다고 나타났다.* 마요네즈를 먹은 뒤 물, 일반 술, 통술을 마셨을 때, 입안을 가장 깔끔하게 만들어준 것은 통술이었다. 이것은 통술이 더 쉽게 기름을 유화시키기 때문이다. 기름기 많은 요리에는 통술을 곁들여보자.

*「통술이 식품 유래 지방과 감칠맛에 미치는 영향」 다카오 요시후미, 양조협회, 제110권 제6호(2015)

세계의 명주에도
나무향이
살아있습니다.

Q 와인 「마개의 향」은 와인향과 관련이 있을까?

> 「관련없다」라고는 할 수 없다.
> 마개의 영향에 대한 2가지 예를 살펴보자.

송진향 와인

와인생산국이라고 하면 현재는 프랑스, 이탈리아, 스페인을 먼저 떠올리지만, 유럽에서 가장 먼저 와인 제조가 전파된 곳은 그리스이다. 기원전 1500년에 이미 와인을 제조하고 있었다.

그리스에는 고대에서 현대로 전해진, 나무의 향을 살린 플레이버 와인이 있다. 송진 풍미를 더한 화이트 와인 「레치나(Retsina)」이다. 고대 그리스에서는 와인을 저장하거나 운반할 때 「암포라(Amphora)」라는 2개의 손잡이가 달린 항아리를 사용했다. 이때 입구를 송진으로 봉했는데, 이것이 레치나의 기원이 되었다. 와인의 마개 역할을 한 송진은 의도치 않게 와인에 독특한 풍미를 더하게 되었고, 이것이 특별한 매력이 된 것이다. 현재는 제조과정에서 포도즙에 송진을 첨가해 풍미를 더한다.

송진의 향에는 바늘잎나무계열의 향인 「α-피넨」이 많이 함유되어 있는데, α-피넨에 관한 연구에서는 이 향을 90초 동안 맡자 자율신경 활동에 변화가 생기고 릴렉스 효과가 있을 수 있다고 나타났다. 레치나의 독특한 향에서 사람들은 왠지 모를 편안함을 느꼈을지도 모른다.

코르크 가공과 향

고대 그리스부터 그 이후에도 와인 마개와 와인향의 밀접한 관계는 계속되었다. 현대에는 와인 마개에 사용되는 코르크의 냄새에 대해 의문이 제기되었다.

고대 로마 이후 유럽에서는 와인의 보존과 유통에 오랫동안 나무통을 사용했다. 나무판자로 만든 통은 이송에는 편리했지만, 산화를 방지하기는 어려웠다. 지금과 같은 「유리병 + 코르크 마개」 스타일은 17~18세기에 나타났다. 이런 혁신으로 풍미를 유지하면서, 또는 향상시키면서 와인을 오랫동안 저장할 수 있게 되었다. 코르크는 코르크참나무의 껍질로 만든다.

그런데 이 코르크 마개에서 유래한 향분자가, 와인의 질에 악영향을 준다는 사실이 알려지게 되었다. 프랑스어로 부쇼네(Bouchonne)라고 부르는 곰팡이 냄새(악취)가 문제였는데, 원인은 여러 가지다. 예전에는 염소처리가 원인이 되어 불쾌한 냄새인 TCA(2, 4, 6-Trichloranisole)가 생성되었다고 했는데, 코르크참나무 자체에서 TCA가 발견되었다는 보고도 있다. TCA는 역치(→ p.29 참조)가 낮기 때문에 미량이라도 사람이 느끼기 쉬운 물질이다. 또한 그 자체가 이상한 냄새인 동시에, 후각에 영향을 주어 다른 향을 마스킹하는 것으로 알려져 있다. 코르크 마개를 사용한 와인의 1~5%에서 이런 오염이 발견되어, 스크류캡으로 바꾸자고 주장하는 사람도 적지 않다. TCA 이외의 원인도 고려한 다양한 해결책을 연구 중이다.

> 나무는 와인병의 마개로도 유용하게 사용되었습니다.

Q 구로모지(조장나무)는 어떤 나무일까?

**꽃 같은 좋은 향을 지닌 나무. 산에서 나는
약이나 젓가락 등으로 친숙한 나무이다.**

꽃 같은 향을 지닌 나무

구로모지는 일본 원산의 녹나무과 갈잎떨기나무로,
일본의 홋카이도 일부~규슈에 널리 서식하고 있다.
줄기에서 꽃처럼 달콤한 향이 나는 것은 향분자 「리날
로올(Linalool)」을 많이 함유하고 있기 때문인데, 리날
로올은 라벤더나 은방울꽃에도 공통적으로 함유된 성
분이다. 여러 가지 재료로 만든 젓가락의 유래 등을
다룬 『하시노 민조쿠시[箸の民俗誌]』에는 「산에는 냄
새가 나는 나무가 몇 종류 있지만, 구로모지만큼 강한
향이 나는 것은 없는 듯하다」라고 기록되어 있다.

구로모지로 만든 젓가락·약·술

구로모지의 가지는 일상적으로 사용하는 젓가락을
만드는 데도 사용되었다. 구로모지 젓가락을 사용하
면 충치가 생기지 않는다는 이야기가 일본의 여러 지
역에서 전해진다.
또한 나무껍질을 달여서 상처에 바르는 약으로 사용
하였고, 나무껍질을 복통약으로도 사용하였다. 이 나
무의 가지를 말린 것이 생약인 「우쇼[烏樟]」인데, 생
약에 대한 지식이 널리 알려졌다기보다는, 산에서의
경험으로 생긴 지혜로 나무의 항균작용이나 생리활
성작용을 알게된 것으로 보인다.
이 향을 살려서 담금주를 만들 수도 있다(가지를 용
기에 들어갈 정도로 꺾어서 넣고, 얼음설탕과 함께 소주
등의 증류주를 부어 몇 개월 정도 둔다).

구로모지 이쑤시개

그러나 최근 일본에서는 「구로모지」라고 하면, 다른
것보다 화과자에 들어 있는 「구로모지 이쑤시개」를

많이 떠올린다. 구로모지는 탄력이 좋아서 잘 부러지
지 않아 고급 이쑤시개로 애용되고 있다.
에도시대 생약학자 가이바라 에키켄의 『야마토혼조
[大和本草]』에도 「겨울에는 잎이 떨어진다. 껍질은 거
무스름한데 향이 있다. 그래서 이것을 이쑤시개로 사
용한다」라고 쓰여 있어, 당시에도 이쑤시개 재료로
사용했음을 알 수 있다.
구로모지 이쑤시개의 유래에 대해서는 여러 이야기
가 있는데, 이이 나오스케가 쓴 『간야차와[閑夜茶話]』
에 의하면, 일본의 다도를 정립한 센리큐의 제자 후
루타 오리베의 마당에 구로모지가 있어서 가지를 꺾
어 이쑤시개로 사용했는데, 좋은 향이 났기 때문에
계속 사용하게 된 것이라고 한다.

일본 산속의 향

구로모지 열매의 이용 사례는 앞에서 이야기한 『하시
노 민조쿠시』에서 찾아볼 수 있다. 아키타현의 메이
지 24년(1891년)생 여성에 의하면 과거에는 이 열매를
말리고 쪄서 「향유」를 짠 뒤 머리에 발랐다고 한다.
구로모지 열매 속 씨에는 비터오렌지꽃(네롤리)에도
있는 향분자 「네롤리돌(Nerolidol)」이 30% 이상 함
유되어 있다. 일본에서도 산속 나무에서 네로리돌의
향을 발견하여 가까이 두고 즐기는 문화가 있었던 것
이다.

일본의 산에
이런 향기로운
나무가 있군요.

구로모지 이쑤시개 만드는 방법

손가락 굵기의 가지를 껍질째 대충 자른 뒤, 껍질이 남아 있도록 다시 가늘게 쪼갠다. 그런 다음 낫을 이용해 만든 도구로 두께를 일정하게 정리한다. 그리고 일정한 두께의 막대를, 이쑤시개 폭에 맞춰 조절한 2개의 칼날 사이로 통과시킨다. 이렇게 하면 이쑤시개의 두께와 폭으로 정리된 길고 네모난 막대(일본에서는 히고라고 한다)가 만들어진다. 이 막대를 일정한 길이로 자르면 이쑤시개 길이의 네모난 막대가 된다. 마지막으로 작은 칼로 막대의 끝부분을 세 방향에서 삼각형이 되도록 깎으면 구로모지 이쑤시개가 완성된다. 구로모지는 향이 매우 좋은 나무여서, 이쑤시개를 만드는 과정에서도 좋은 향을 뿜어낸다. (후략)

※『楊枝から世界が見える』(이나바 오사무 저)에서 인용

차노유와「리큐바시」

아즈치모모야마시대는 일본 젓가락의 역사를 언급할 때 빼놓을 수 없는 시기이다. 이 무렵 내면을 중요시하는 「와비차[侘び茶]」를 계승한 센노리큐[千利休]는, 독자적인 미의식과 가치관을 바탕으로 다도를 확립했다.

다도에서 차를 마시기 전에 먹는, 국 1가지와 반찬 3가지를 기본으로 한 요리를 가이세키[懷石]요리(「가이세키」는 수행 중인 승려가 따뜻하게 데운 돌을 품에 넣고 배고픔을 달랜다는 의미)라고 부르는데, 양이 많지 않고 계절감이 있으며 세심한 접대가 느껴지는 요리이다.

센노리큐는 다회를 열기 전에 직접 향이 강한 요시노스기(나라현 요시노 임업지대에서 자라는 삼나무)의 붉은 부분을 깎아서 그날의 손님을 위한 젓가락을 만들었다고 한다. 상쾌한 삼나무향이 나는, 이 세상에 하나밖에 없는 이 젓가락은 일기일회(평생에 단 한 번의 만남)의 다회에서 중요한 손님 접대의 하나였다. 리큐가 만든, 가운데는 조금 굵고 양끝을 얇게 깎은 젓가락을 리큐바시[利休箸]라고 부르며, 지금도 이용하고 있다.

역사 ✕ 향

「음식 속의 향」이라는 시각에서 역사를 다시 살펴보자. 당연한 것처럼 사용하는 허브, 향신료 등과 같은 식재료의 향에도 수천 년의 역사가 숨어 있다. 당시에는 어떤 가치관으로 어떻게 향을 사용했을까? 현재에는 어떤 형태로 이어지고 있을까?
여기서는 사람들이 오래전부터 소중히 여겨온 음식의 향에 대해 자세히 살펴보고, 새로운 음식을 만들고 제공하는 데 활용해본다.

다른 시대의 향에 관한
상식에서, 새로운
요리의 힌트를 얻어보세요.

Q 고대 그리스 · 로마 시대에도 향을 즐겼을까?

현대로 이어진 향 문화의 뿌리,
그리스 · 로마 시대에도 발견할 수 있다.

장미 사랑의 시작

근대 유럽의 막을 연 「르네상스」는 고대 그리스 · 로마 문화의 부활이 목표였다. 학교의 역사 수업에서는 이렇게 가르친다. 그 이후의 시대를 사는 사람들에게도, 이 오래전 시대의 생각과 가치관이 이어지고 있다고 생각한다.

예를 들어 향기로운 꽃의 대명사인 「장미」는 다른 꽃들과는 다른, 뭔가 특별한 꽃이라는 이미지가 있다. 이런 이미지의 시작은 고대 그리스 · 로마에서 생겨난 것으로 보인다.

고대 그리스 시대에 장미를 즐기는 방법은, 색이나 모양보다 「향」에서 비롯되었다고 한다. 기원전 12세기에 이미 장미향 오일을 만들었음을 보여주는 기록이 발견되었다.

이어지는 로마의 귀족문화 속에서 장미는 더욱 인기를 끌면서 널리 퍼져나갔다. 아우구스티누스 황제 때 황금기를 맞은 로마에서, 장미는 귀족이나 부유한 시민들에게 사치품이 아닌 생필품이 되었다. 신선한 꽃꽂이용 꽃이 떨어지지 않도록 장미를 재배하고, 장미 농원에서 휴일을 보내는 것이 유행이었다고 한다.

그리고 물론 식탁에도 장미가 장식되었다. 꿀이나 젤리에 장미꽃잎을 넣은 디저트를 만들었고, 와인에도 장미꽃잎을 띄웠다. 이러한 귀족들의 장미에 대한 열렬한 사랑이, 현재의 우리들이 장미를 특별하게 보는 시각의 시작이었을 것이다.

고대 로마에서 사용된 허브

고대 로마의 요리를 알 수 있는 책으로 『아피키우스(Apicius)』가 있다. 아피키우스는 로마의 부유한 미식가로 알려져 있지만, 사실 그 생애에 대해서는 자세히 알려지지 않았다. 기원전 80~40년경의 인물로 추정되며, 요리서 편찬은 4세기에 이루어졌다고 한다. 아마도 단일 저자의 책이 아니라 세월이 지나면서 여러 가지 정보가 추가되었을 것이다.

이 요리서를 보면 로마시대에 이미 생강이나 후추, 카다몬, 아니스, 펜넬, 캐러웨이, 커민, 처빌, 민트, 세이지, 타임, 오레가노, 레몬그라스 등 현재 우리에게 익숙한 허브가 요리에 사용되었음을 알 수 있다.

현재 이탈리아요리에 많이 사용하는 바질은 아피키우스의 레시피에서는 눈에 띄지 않는다. 훗날 압생트 등의 약초계열 리큐어의 재료가 된 쓴쑥(향쑥)도 이 시대부터 사용되었다.

또한 대추야자, 유향, 샤프란 등을 넣어서 만든 허브 와인 레시피, 장미와 제비꽃 꽃잎을 듬뿍 넣어 향이 배어들게 한 와인 레시피도 소개되었다. 그렇게 향을 낸 와인에 꿀을 넣어 마시는 것도 즐겼다고 한다. 레시피에는 「반드시 최상의 꽃을 사용하고, 꽃잎에 묻어 있는 이슬은 잘 닦아야 한다」 등과 같이 장미를 사랑한 로마인다운 세심한 주의사항도 기록되어 있다.

역사 깊은 향신료, 후추를 사용해보자

> 지금은 어느 부엌에나 있는 후추는, 예전에는 유럽을 뒤흔든 귀중품이었다.

역사를 바꾼 향신료

향의 문화사를 따라가다 보면 「향신료가 세계의 역사를 바꾸었다」라는 표현을 볼 수 있다. 그것은 15세기 중반부터 시작된 대항해시대에, 유럽의 여러 나라에서 신항로 개척을 추진한 목적 중 하나가, 아시아의 향신료를 직접 손에 넣기 위해서였다는 의미이다.

포르투갈이 아프리카 남쪽 해안을 거쳐 인도에 도달한 것을 시작으로, 유럽 여러 나라의 해외침략은 향신료 전쟁이라고 불리는 상황으로까지 확대되었다.

후추를 비롯한 향신료는 고대부터 이미 유럽에 전해졌다. 그리스의 의성 히포크라테스도 후추를 의약품으로 권장했다고 한다. 하지만 그 어원인 라틴어 「species」가 처음에는 「귀중품」을 의미했듯이, 중세의 향신료는 중근동(서아시아와 북아프리카)을 거쳐 도착하는 고급품이었다. 인도에서 알렉산드리아로, 그리고 베네치아에서 유럽의 여러 나라로 전해졌다. 15세기 프랑스에서는 비싸다는 의미로 사용하는 표현 중에 「후추처럼 비싸다」라는 말이 있었다고 한다. 신항로 개척 이전에는 중개자의 손을 거칠 때마다 후추값이 올라갔다.

열망한 이유

중세 유럽에서 향신료를 열망한 이유가, 생고기 등 식품의 부패를 막거나 상한 냄새를 지우기 위한 것이라는 설이 지배적이지만 다른 이야기도 있다.

향신료의 사용이 「부의 상징」이기도 했지만 의학적인 목적도 컸다는 것이다. 중세 유럽에서는 고대 의사 갈레노스의 4체액설(사람의 몸을 구성하는 4가지 체액이 균형을 이루어야 건강하다는 주장)에 영향을 받아, 의사들이 소화촉진을 위해 고기요리에 향신료를 듬뿍 사용할 것을 권장했다.

「후추」향을 살리는 레시피

만들어
봅시다

블랙페퍼 로스트치킨

재료(2인분)
닭 …… 1/2마리(약 500g)
감자 …… 3개(웨지모양으로 썬)
소금 …… 5+3g
굵게 간 검은 후추 …… 적당량
올리브오일 …… 1+1큰술

만드는 방법
1 닭고기에 소금 5g을 뿌리고 30분 정도 그대로 둔다. 올리브오일 1큰술을 바르고 검은 후추를 뿌린다.
2 감자에 소금 3g과 올리브오일 1큰술을 뿌린다. **1**과 함께 220℃ 오븐에서 25분 정도 굽는다.

검은 후추의 향이 맛을 잘 잡아준다.
오븐에서 천천히 구우면 부드럽고 육즙이 풍부한 요리가 완성된다.

환상의 허브 「라세르피키움」

「라세르피키움(Laserpícīum)」은 고대 북아프리카 키레나이카 주변(지금의 리비아 동부)에서 많이 채집되던 식물이다. 그리스인들이 식민지 키레네를 건설한 뒤 주로 수출하던 품목으로, 나라의 상징적 식물이었다. 줄기를 삶거나 구워서 먹을 뿐 아니라 뿌리에서 짠 즙(라세르)도 유용하게 사용되었다.

하지만 이 허브는 재배가 어려웠기 때문에, 키레나이카가 로마의 식민지이던 시절에 남획한 야생 라세르피키움은 금과 동등한 높은 가격으로 거래되었다. 미식가인 아피키우스는 이 귀중품을 효과적으로 사용하기 위해, 그대로 사용하지 않고 잣 속에 저장했다가 향을 흡수한 잣을 요리에 사용하는 절약방법을 소개하기도 했다.

그러나 로마 미식가들의 끊임없는 남획으로 라세르피키움은 결국 멸종되었다.

라세르피키움이 사라진 지 수십 년 만에 마지막 1줄기의 라세르피키움이 발견되었지만, 그것도 당시 황제였던 네로에게 바쳐져, 결국 후세에는 전해지지 못했다.

로마의 미식가들에게 열렬히 사랑받던 이 허브는 어떤 향이었을까. 고대 박물학자 플리니우스에 의하면 라세르피키움이 사라진 뒤로, 풍미는 그에 미치지 못하지만 「아위(힌두어로는 힝)」와 마늘이 대용품으로 사용되었다고 한다. 2가지 모두 황화합물을 함유한 매우 강렬한 향의 향신료이기 때문에, 아마 라세르피키움도 상당히 인상적인 향이었을 것이다.

마구잡이 채취로 잃어버린 향도 있습니다.

Q 아유르베다의 향신료 활용법을 시험해보자

> 간단하게 시작할 수 있고, 위가 깨끗해진다.
> 맛있는 식사가 건강을 지켜준다.

아유르베다

허브나 향신료를 식생활에 이용하는 지혜는 고대 인도에서 이미 찾아볼 수 있다. 인도의 전승의학 아유르베다는 3000년의 역사를 지닌 장대한 의학체계이다. 그중에는 일상의 건강증진에 도움이 되는 향신료를 이용하는 지혜도 포함되어 있다.

여기서는 아유르베다에서 추천하는 생강 활용법을 소개한다.

「아그니」를 높이자

아유르베다에서는 식생활에서 「아그니(Agni)」를 중시한다. 아그니는 「소화력」을 의미하는데 위장의 소화력뿐 아니라, 영양소를 흡수하여 세포 하나하나에 전달하는 힘까지 포함한다. 정상적인 아그니가 있으면 함부로 과식하지 않고 자신의 몸에 맞는 양을 먹게 된다고 한다.

만약 과식이나 찬 음식을 너무 많이 섭취해 아그니가 약해지면, 소화되지 않은 것들이 남아서 노화나 컨디션 저하의 원인이 된다.

생강은 이런 아그니를 높여주는 작용이 뛰어난 향신료이다. 생강을 조미료로 조금씩 사용하는 요리는 많은데, 아유르베다의 시점에서 보면 향과 풍미를 더할 뿐 아니라 소화력을 높이고 식욕을 돋워서 맛에 도움을 주는 것이다.

아그니를 높여주는 생강 활용법을 아래에 소개한다. 식사 전에 간단하게 할 수 있다.

COLUMN

소화력을 높여주는 「식사 전 생강 활용법」

아유르베다에서는 향신료를 활용하는 지혜를 많이 알려준다. 여기서는 생강 활용법을 소개한다. 소화기관을 조절하여 적절한 아그니(소화력)를 기르는 식사 전 습관이다.

준비물
생강, 암염 극소량(없어도 가능), 물

과정
1 식사하기 30분 전에 생강을 1장 얇게 슬라이스한다.
2 암염을 뿌릴 경우에는 조금만 뿌린다.
3 생강을 입에 넣고 씹어서 삼킨다.
4 마지막에 끓인 물을 마신다.

30분 뒤 식사를 할 때쯤이면 기분 좋게 적당한 식욕이 돋는 것을 느낄 수 있다. 미각도 민감해지므로 과식하지 않고 자신의 상태에 맞는 양을 맛있게 먹을 수 있다.

Q 17, 18세기 유럽 요리의 향은 어떨까?

> 중세의 향신료 인기는 사그라들고,
> 새로운 향과 맛이 널리 퍼진다.

요리 트렌드의 변화

중세부터 르네상스 초기에 걸쳐서 유럽 상류층의 요구로 요리에 향신료를 많이 사용했지만, 17세기에 이르러서는 그 인기가 시들해지기 시작한다. 인도로 가는 새로운 항로가 열리면서 중개인을 거치지 않고 향신료를 구할 수 있게 되자, 가격이 내려가 누구나 쉽게 사용할 수 있게 되었다. 향신료가 먼 나라에서 온 고급품이라는 이미지는 서서히 바뀌었다.

프랑스에서도 이국적인 동양의 향신료를 중시하는 요리에서, 재료의 풍미를 살리고 조리기술을 더욱 향상시킨 요리를 만들게 되었다. 요리에 곁들이는 소스도 중세 이후에는 향신료와 신맛이 중심이었던 소스에서, 육수를 중심으로 어울리는 향신료 풍미를 더한 걸쭉한 소스로 바뀌었다.

17세기에는 무스나 줄레(젤리) 같은 부드러운 식감의 요리가 상류층 여성 사이에서 유행했다. 이것은 당시 철학자 데카르트가 제시한 심신이원론(정신과 신체를 각각 독립된 실체로 생각하는 사고방식)의 영향에서 비롯된 유행으로, 「씹다」라는 생물학적 기능과, 음식이 신체에 관여하는 것을 부정한다는 해석도 있다.

바닐라와 카카오

대항해시대 이후 유럽의 상류층에서는 향신료의 인기가 시들해지기 시작했지만, 이때부터 새롭게 알려진 「향」도 있다. 아메리카대륙 원산의 바닐라와 카카오이다. 바닐라(→ p.179 참조)는 멕시코 원산의 난초과에 속하는 덩굴식물로, 꼬투리모양의 열매를 가공해 향신료로 사용한다. 콜럼버스 이후로 유럽에 소개되었는데, 스페인 사람 코르테스가 아스테카 왕국에서 약탈한 금과 함께 유럽으로 가져갔다고 한다.

카카오는 중남미 원산의 벽오동과에 속하는 늘푸른나무로, 그 씨앗을 로스팅 등의 방법으로 가공해서 초콜릿의 원료가 되는 카카오 매스(Cacao mass)를 얻는다. 아스테카에서는 카카오를 음료로 마실 뿐 아니라, 종교의식에도 이용하고, 사회에서는 통화의 역할을 하는 등, 문화 속 깊이 뿌리내린 재료였다. 코르테스는 처음에는 카카오 음료의 가치를 이해하지 못했다고 한다. 아스테카 사람들은 때로는 꿀이나 현지의 향신료를 섞어서 카카오 음료를 즐기기도 했다.

초콜릿의 유행

이후 카카오 음료는 「초콜릿」으로 스페인 궁전에서 유럽 각지로 퍼져나갔고, 그 독특한 향과 풍미의 매력이 많은 사람의 마음을 사로잡았다. 현대에 와서 초콜릿의 향을 자세히 분석한 결과, 초콜릿을 초콜릿답게 만들어 주는 「이소발레르알데하이드(Isovaleraldehyde)」, 식초 같은 향 「아세트산」, 버터 같은 향 「디아세틸(Diacetyl)」, 꽃 같은 향 「리날로올(Linalool)」 등 380종 이상의 성분이 발견되었다.

초콜릿은 프랑스 루이 14세의 궁전에서도 유행하였다. 절대왕정이 확립되고 궁중문화의 중심이 된 베르사유궁전에서는, 많은 귀족들이 머물면서 날마다 연회를 열었다. 궁전에서 연회와 관련된 일을 하는 사람이 2,000명이나 되었다고 한다.

왕족과 귀족들의 사치스러운 생활과 무거운 세금에 반발하여 프랑스 혁명이 일어나는데, 이 혁명은 요리 역사에도 큰 영향을 주었다. 왕족이나 귀족들이 먹을 요리를 만들던 뛰어난 요리사들이 직장을 잃으면서, 음식을 먹을 수 있는 새로운 장소인 「레스토랑」이 생기기 시작하였고, 귀족들과 함께 다른 나라로 망명한 요리사들은 프렌치요리를 널리 알렸다.

프렌치요리의 코드화와 발전

사회학자 장 피에르 풀렝은 저서에서 17세기 후반의 르세트(Recette, 레시피) 종류의 증가와 요리 체계의 복합화를 지적했다.

이 시기에 프렌치요리 레시피는 문자로 기록되어 많은 요리책이 만들어졌다. 요리는 그 과정에서 엄밀히 말해 「코드화(기호화)」 되었다. 레시피 외에도 소스 만드는 방법이나 조합 규칙도 일정한 공식처럼 정리되었다.

프렌치요리의 세계에서는 「18세기에 이미 요리 창작의 시대가 끝났다」라고 하지만, 대신 그들은 무한한 창조의 베이스가 되는 하나의 언어 체계를 획득했다고 풀렝은 말한다.

이처럼 요리의 언어화·정보화라는 변화가, 이후의 프렌치요리 발전에 크게 기여하는 하나의 요인이 되었다.

Q 일본의 계절감과 풍미의 관계는?

> **사계절이 있는 일본에서는
> 음식의 풍미가 계절의 변화를 알려준다.**

사계절이 있는 일본에 사는 사람들은 음식의 풍미가 계절의 시작을 알려준다고 느끼는 경우가 많다. 세계에서 가장 짧은 시라고 불리는 일본의 하이쿠에는, 반드시 「계절언어」가 들어가는 것이 규칙인데, 많은 식재료와 음식이 있는 풍경이 계절언어로 사용된다.

조몬시대의 계절감

일본의 풍토가 그런 감성을 만드는 요인이 되었을지도 모른다. 조몬시대(한국의 신석기 또는 빗살무늬토기 시대에 해당)의 유적 조사에 의하면 조몬인들은 이미 계절에 맞는 식생활을 하고 있었음을 알 수 있다.

봄에는 고비, 고사리, 달래, 가을에는 밤, 호두, 도토리 등을 수확하고, 가을에는 강을 거슬러 올라가는 연어잡이, 겨울에는 멧돼지나 사슴을 사냥했다. 대합은 봄부터 여름에 걸쳐 집중적으로 채취했다. 달력도 없던 시절부터 선조들은 먹을 것을 채취하면서 계절 변화를 감지하고, 흘러가는 계절이 남겨준 풍미에 아쉬움을 느꼈던 것은 아닐까. 이러한 감성이 역사 속에서 발전하여, 일본요리의 가치관과 미의식으로 이어졌다고 생각한다.

국물요리의 고토

일본요리에서는 「국물요리」가 메인이다. 국물요리는 국물과 건더기(주재료), 곁들임 재료(채소나 해조류), 고토[香頭, 국물요리에 올리는 고명]로 구성된다.

고토로는 작은 조각이라도 향이 강하고, 건더기의 맛을 살려주며, 계절감을 표현할 수 있는 재료를 사용한다.

봄에는 초피, 여름에는 차즈기나 양하, 가을과 겨울에는 유자를 많이 사용하는데, 그릇에 뚜껑을 덮어서 따뜻한 요리라도 향이 날아가지 않는다. 뚜껑을 여는 순간 그릇 속에 있던 「계절의 향기」가 퍼져나간다.

명절의 향을 사용해보자

고셋쿠(오절구)에는 식물의 향과 풍미로
심신을 리셋한다.

「셋쿠[節句, 절구]」는 일본의 명절로, 중국의 역사적 문화가 일본에 도입된 것이다. 사람이 사는 시간을 연(年)으로 구분하고, 계절이 바뀌는 시기에 의미를 부여함으로써, 생활에 활기를 불어넣는 장치이다.

그중에서도 「고셋쿠[五節句]」는 에도시대 무렵부터 사람들의 가정생활에 널리 퍼진 풍속이자 관습으로, 1월 7일(인일), 3월 3일(상사), 5월 5일(단오), 7월 7일(칠석), 9월 9일(중양)의 다섯 셋쿠를 가리킨다.

인일의 셋쿠에는 봄의 7가지 나물 「미나리 · 냉이 · 떡쑥 · 별꽃 · 광대나물 · 순무 · 무」를 넣은 나나쿠사가유[七草粥]를 먹는다. 이는 봄을 앞두고 1년 중 가장 추운 날씨에 대비하여, 나쁜 기운을 물리치며 병에 걸리지 않고 건강하기를 기원하는 의미이다. 야생초의 풍미와 효능을 몸에 담는 행사이다.

상사의 셋쿠는 「모모(복숭아)노 셋쿠」라고 불리는데, 원래는 사람의 형상으로 자른 종이로 몸을 닦은 뒤 그 종이를 강에 흘려보내는 행사였다. 시로키(흰 술), 히시모치(녹색, 흰색, 분홍색 떡을 마름모꼴로 자른 것), 대합 등을 먹는 관습이 있다.

5월 단오의 셋쿠에는 「창포」나 「쑥」을 넣은 물로 몸을 씻어 나쁜 기운을 물리치고, 가시와모치(떡갈나무 잎에 싼 찰떡)와 치마키(대나무 등으로 말아서 찐 찰떡)를 먹는다.

칠석은 원래 여름에서 가을로 가는 길목의 축제였지만, 중국의 걸교전(乞巧奠)의 영향으로 여자아이들의 베짜기 실력이 향상되기를 기원하는 축제로 변했다. 「조릿대」 가지에 소원을 쓴 종이를 매단다.

9월의 중양은 「기쿠(국화)노 셋쿠」라고 불리며, 예로부터 약이나 화장품으로 사용된 국화를 국화베개, 국화탕, 국화주, 국화 요리 등으로 다양하게 활용한다.

이렇게 보면 계절별로 식물 식재료의 향과 운치가 시간의 변화를 깨닫게 하고, 건강과 성장을 기원하는 역할을 담당해온 것을 알 수 있다.

여기서는 1월 7일 인일과 관련있는 미나리를 넣은 샐러드를 소개한다. 봄을 앞두고 몸을 맑게 하는 데 필요한 요리이다.

미나리향을 살리는 레시피

만들어
봅시다

미나리 & 감귤 디톡스 샐러드

재료(2인분)

미나리 …… 1단(한입크기로 썰어 물에 헹군)
쑥갓 …… 1/2봉지(한입크기로 뜯어서
　물에 헹군)
당근 …… 1/3개(채썬)
우엉 …… 1/3개(깎아서 데친)
순무 …… 2개(슬라이스)
감귤류 …… 1/2개(껍질을 벗겨
　한입크기로 자른)
구운 아몬드 …… 6알(굵게 부순)

드레싱

아몬드밀크(진한 맛) …… 200㎖
양파 …… 1/4개(50g, 굵게 다진)
마늘 …… 1/2쪽
식초 …… 20㎖
소금 …… 3g
검은 후추 …… 조금
올리브오일 …… 20㎖

만드는 방법

1 드레싱 재료를 믹서에 넣고 간다.
2 재료를 썰어서 접시에 담고 **1**을 뿌린다.

미나리를 넣어서 만든 몸에 좋은 디톡스 샐러드.
미나리향으로 새봄을 느껴본다.

언어 ✕ 향

우리는 향의 질을 다른 사람과 공유하기 위해 언어를 사용한다. 또한 그 이전에 향을 인지하는 데도 언어의 유무가 관련되어 있다. 오감 중 후각으로 느끼는 정보는 다른 감각에 비해 언어로 표현하기 어렵지만, 「언어」와 향의 관계성에 대해 조금 생각해 보면 사람에게 있어서 향의 의미가 새롭게 다가온다.

여기서는 향과 언어 표현에 대해 알아본다.

우리들의 향 체험과 「언어」와의 관계를 생각해봅시다.

Q 향을 언어로 표현하는 것은 어려운 일이다

직접적으로 향을 표현하는 어휘가 적어서,
주관적인 표현에 의지하게 된다.

향 표현은 어렵다?

향을 언어로 표현하는 것은 어려운 일이다. 예를 들어 「레몬향의 특징적인 성분은 시트랄이다」라는 설명은 맞기는 하지만, 시트랄향을 설명하려면 결국 레몬 같은 향이라고 표현할 수밖에 없다. 레몬향을 맡아본 상대방의 경험에 호소하고 공감을 구할 수밖에 없는 설명이 아쉽지만, 도대체 어떻게 표현해야 상대방이 시트랄향을 상상할 수 있을까? 왜 후각정보는 언어로 표현하기 어려울까?

향을 언어로 표현하기 어려운 이유는 「뇌에서 후각정보를 전달하는 경로가, 언어를 관장하는 부위와 관계가 적기 때문」이라고 한다(그러나 언어가 있기 때문에 풍미도 있는 것이라고 주장하는 뇌 연구자도 있다).

또한 「향을 나타내는 어휘(언어)가 적기 때문이다」라고도 한다. 사람들이 대화로 공유하기 어려우니까 어휘가 적은 것일까? 어휘가 적어서 공유하기 어려운 것일까? 어휘가 적은 것은 한국어나 일본어뿐 아니라 영어권도 마찬가지이다.

향 표현의 분류

어휘가 적은 상황에서 우리는 평소에 향을 어떻게 표현하고 있을까? 주로 아래와 같이 분류한다.

① 실물로부터 유추한 표현
　레몬 같은 향, 꽃 같은 향 등

② 후각 이외의 다른 오감을 사용한 공감각적인 표현
　달콤한 향=미각, 온화한 향=시각, 부드러운 향=촉각 등

③ 향 효과에 의한 표현
　마음이 차분해지는 향, 리프레시되는 향, 식욕이 돋는 향 등

④ 형용사(감성어)에 의한 표현
　산뜻한 향, 화려한 향 등

⑤ 기억과 연결된 표현
　옛날 할머니댁에서 맡았던 향, 여름 소나기의 향 등

또한, 향료업계에서는

⑥ 분류표현

플로럴, 우디, 발사믹 등의 표현을 사용하기도 한다.

언어표현을 시도하는 과정에서는, 향의 여러 측면을 알아차려 향을 기억하는 데 도움이 되기도 한다.

언어로 표현하면 좋은 점

향을 언어로 표현하기 위해 적당한 언어를 찾아보자. 이런 노력은 어떤 도움이 될까?
주로 식별, 인식·기억, 공유·소통에 도움이 된다.

식별

그 향이 무엇인지 정체를 알아낼 수 있다. 잘 모르는 향을 맡았을 때 몇 가지 단어를 찾아가다보면 막연한 느낌에서 구체적인 이미지로 접근할 수 있다.
예를 들어, 처음엔 왠지 모르게 「달콤하고 스파이시한 향」이라고 느끼던 것이, 단어를 찾고 기억을 더듬어가다보면 그것이 시나몬의 향이라고 알아내는 경우가 있다.

인식·기억

언어가 라벨이 되어 기억하기 쉬워진다. 예를 들어, 와인은 포도의 품종이나 산지에 따른 향의 차이가 큰 음료이다. 와인을 제공하는 전문가 소믈리에가 여러 브랜드의 와인향의 특징을 구별해서 기억하고 나중에 떠올리려면, 언어로 표현하는 과정이 필요하다. 여러 향분자의 혼합체인 「와인향」에서 하나하나 특징을 찾아내고, 언어로 라벨을 붙이는 것이다.

소믈리에가 사용하는 향의 표현에서는 p.135의 ①처럼 실물에서 유추한 표현을 사용하는 경우가 많다.
레드와인향의 표현으로 「블랙커런트」, 「체리」, 「딸기」 등의 과일, 「검은 후추」, 「바닐라」 등의 향신료, 또한 「부엽토」, 「가죽」 등 음식 이외의 향을 나타내는 언어가 사용되기도 한다.
이런 표현 방식은 와인 전문가들 사이에서 어느 정도 「공통언어」로 사용되고 있다. 「와인을 맛보다」라는 것은 주관적인 향 체험이지만, 기억하고 의식적으로 이끌어낼 수 있는 정보로 사용하기 위해서는, 향에 대한 「공통언어」를 정리한 체계가 필요하다(플레이버 휠 → p.137 참조).

전달·커뮤니케이션

향 정보를 전달하기가 조금 쉬워진다.
인터넷 쇼핑이 가능한 지금, 향을 즐기는 음료인 와인, 커피, 향수 등의 상품도 시향하지 않고 구매하는 경우가 많다. 이럴 때 전문가들 사이에서만 통하는 표현으로는, 일반인이 그 의미를 이해하기 힘들다. 판매자는 산지나 원료 등의 정보 제공 외에, ②와 같은 향의 효과에 의한 표현, ③과 같은 형용사(감성어)에 의한 표현 등을 찾아내야 한다.

언어로 표현하는 것이 꼭 필요한 경우도 있습니다.

Q 플레이버 휠이란?

식품업계 등에서 사용하는, 향 평가에 대한
공통언어를 둥글게 배열한 표이다.

식품, 주류, 향료가 들어 있는 화장품 등 향이 중요한
제품을 취급하는 업계에서는, 향에 대한 공통언어를
정리하여 기준이 되는 플레이버 휠(Flavor wheel)이나
프레그런스 서클(Fragrance circle)을 사용하는 경우가
있다. 향이나 맛의 기술어를 둥글게 배열한 표이다.
주류 중 처음 만들어진 것은 맥주의 플레이버 휠이
다. 그 뒤 위스키, 와인으로 이어졌다. 주류 외에는
커피, 초콜릿, 그리고 최근에는 복잡한 풍미가 있는
조미료나 간장 등의 플레이버 휠도 만들어졌다.

아래 표는 「커피 플레이버 휠」이다. 중앙과 가까운 곳
에서는 예를 들어 프루티, 플로럴, 그린 계열 등 큰
분류가 구성되어 있다. 프루티계열 분류의 바깥쪽을
보면 같은 과일이라도 시트러스류, 베리류 등 경향이
다르다. 또한 그 바깥쪽을 보면 베리류도 스트로베리
와 블루베리 등으로 구분된다. 즉 플레이버 휠은 단
순히 기술어를 모아 놓은 것이 아니라, 비슷한 향이
가까이에 배치되어 있다. 막연한 향의 이미지에서,
향의 특징을 조금씩 구체적으로 표현할 수 있다.
공통언어에 지나치게 의존하면 그 이상의 감수성이
나 표현력이 길러지지 않는 면도 있겠지만, 어쨌든
플레이버 휠은 말로 표현하기 어려운 「향」을 인식하
고 전달하는 데 단서가 된다.

커피 플레이버 휠

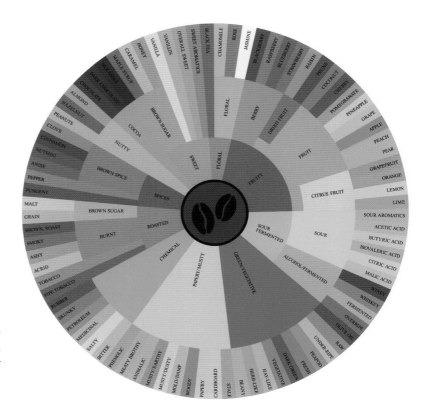

플레이버 휠은 향과 맛을 표현하는
단어를 둥글게 배열한 표이다. 커피,
와인, 위스키 등 향이 중요한 식품과
관련하여 만들어진다.

Q 때로는 침묵하고 풍미를 느껴보자

> 좋은 향과 풍미를 접하면
> 표현하지 말고 그대로 느껴보자.

사람에게 있어서 향은 분석하고 평가하는 대상만은 아니다. 물론 위험을 알아채거나 대상물에게 의미를 부여하는 것은 후각의 중요한 역할이다. 이럴 때는 향의 느낌을 모호하게 만들지 말고 언어화함으로써 향에 대한 느낌의 한 측면을 확실히 파악하고 기억하는 것이 중요하다.

그러나 자신에게 매우 좋은 향, 좋은 풍미를 만나 그 전체를 충분히 즐기고 싶을 때는, 즉각적으로 언어화하지 않는 것이 좋을 때도 있다. 예를 들어 인도의 전승의학 아유르베다에서는 식사할 때는 천천히 집중해서 서두르지 않고 먹는 것이 좋다고 이야기한다. 그것이 소화력을 높이는, 건강에 좋은 식사 방법이라는 것이다. 여기에는 떠들거나 흥분하지 말고 감사하는 마음으로 먹어야 한다는 의미도 포함되어 있다. 하지만 그뿐이 아니다.

말없이 먹는 행위에 집중하고 있으면 음식의 다양한 향과 풍미, 입안에서 느껴지는 식감을 그 어느 때보다 잘 의식할 수 있다. 또한 자신의 식욕 정도나 포만감, 만족감 등을 느끼는 타이밍도 알 수 있다.

향을 맡는 것도 마찬가지이다. 맡아서 즉시 언어화해 버리면 다면적인 식재료의 향을 더 이상 느낄 수 없다. 향이 주는 느낌, 마음에 대한 작용을 충분히 맛본 다음에, 말로 표현해도 늦지 않다.

COLUMN

향기로운 꽃말

서양에서는 각각의 꽃의 성질이나 겉모습, 역사, 전설 등을 바탕으로 꽃말을 붙였다. 꽃은 여러 가지 의미를 담고 있어서, 상대방에게 꽃을 보내 그 속에 숨은 메시지를 전하기도 했다.
향기로운 꽃과 허브가 무엇을 상징하는지, 식물의 꽃말을 살펴보자.

- 고수 : 지혜
- 고추 : 신랄하다
- 다마스크로즈 : 아름답게 빛나는 얼굴
- 라벤더 : 정절, 침묵
- 로만 캐모마일 : 역경에 굴하지 않는 강인함
- 로즈메리 : 기억, 우정, 추억
- 마늘 : 용기와 힘
- 머위 : 공평
- 모과 : 유혹

- 버베나 : 단결
- 보라색 라일락 : 첫사랑
- 서향나무 : 달콤한 사랑, 꿈속의 사랑
- 시나몬 : 순결, 청정
- 월계수잎 : 영광, 승리
- 인동덩굴 : 사랑의 인연
- 장미 : 열렬한 사랑, 질투, 순결 등
- 재스민 : 사랑스러움
- 정향 : 위엄
- 제라늄 : 당신의 생각이 나를 떠나지 않습니다
- 제비꽃 : 겸양
- 주니퍼 : 보호, 친절, 자유 등
- 크레송 : 힘, 안정
- 타임 : 힘, 용기, 활동
- 홉 : 순진무구

Q 로봇은 향을 느끼고 언어로 표현할 수 있을까?

> **후각의 감각센서 개발, 후각정보에 대한
> 의미부여 등 여러 가지 과제가 있다.**

우리는 평소에 자연스럽게 향을 느끼고 필요할 경우 그것을 언어로 상대방에게 전달한다.

최근 인공지능을 탑재한 로봇이 인간처럼 또는 인간 이상의 능력을 가진 존재로 활약할 것으로 기대되고 있는데, 그렇다면 로봇도 인간처럼 향을 체험하고 그 것을 언어로 표현할 수 있을까?

사실, 인간의 뇌 속 언어화 메커니즘도 아직 충분히 밝혀지지 않았다고 한다. 「감각(센서)을 통해서 얻은 정보를, 어떻게 언어와 결합시켜야 하는가」라는 어려운 문제는 아직 풀리지 않았다.

로봇의 향 체험

로봇을 현실 세계에서 활용하려면 고정적인 신체 제어나 동작 모듈을 미리 설계하여 설치하는 것만으로는, 인간과 같은 행동에 도달하기 어렵다고 한다. 인간과 같은 지능은 기능으로서 설계되는 것이 아니라, 환경과의 관계성을 통해 자라기 때문이다.

앞으로의 로봇은 센서를 통해 얻은 감각 정보를 스스로 분절화, 기호화(언어로)하고, 환경이나 상대방과의 관계성 속에서 의미를 부여할 수 있어야 한다. 또한 그 언어를 통해 주위와 커뮤니케이션 경험을 쌓아가는 것도 필요하다.

먼저 센서로 정보를 모을 수 있어야 하는데, 후각 센서는 오감 중에서도 개발하기 어려운 부분이라고 한다. 우리 주위에는 수십만 종이나 되는 향물질이 있으며, 농도에 따라 느껴지는 향이 달라지기도 하여 복잡하다. 실내 · 실외 · 음식의 냄새도 실제로는 수많은 물질이 섞여 있는 것이다. 물질의 양적인 데이터와 사람이 느끼는 방식 사이의 관계에서 명확한 규

칙성을 발견하기 어려운 경우도 있다. 냄새를 계속 맡고 있으면 느끼지 못하게 되는(순응 · 피로감) 것도 후각의 특징이다. 세부적으로는 개인의 컨디션이나 경험으로 향을 느끼는 방식이 달라지기도 한다.

이처럼 복잡한 인간의 「향 체험」을 모방한 후각 센서의 개발은 꽤 해볼만한 도전이다. 더욱이 사람이 입 안에서 느끼는 「풍미」는 후각과 미각이 섞여서 느껴지는 것이며, 풍미 센서는 그 이상으로 복잡하다.

만일 센서의 기술적인 문제가 해결되더라도, 이번에는 앞에서 언급한 후각정보를 언어화(기호화)하는 어려운 문제가 있다. 향을, 언어를, 어떻게 인식시킬까. 앞으로의 로보틱스(robotics)에서 「향」 감각 도입에 대해서는 차이가 생길 것이다.

> 고수향이
> 너무 좋아요.

Q 언어의 뉘앙스와 풍미의 관계는?

우리는 언어의 소리에서 풍미를 연상한다.

「부바와 키키 효과」에 대해 들어본 적이 있을 것이다. 만약 없다면 아래의 2가지 그림을 살펴보자. 어느 쪽이 「부바」이고, 어느 쪽이 「키키」일까? 어느 쪽이 더 어울리게 느껴지는지 선택해보자. 아마 많은 사람들이 부바는 A, 키키는 B라고 대답할 것이다.

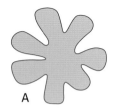 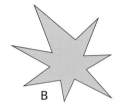

A   B

2개의 도형 중 어느 쪽이 「부바」이고 어느 쪽이 「키키」 일까? 언어권이나 나이, 성별에 관계없이 많은 사람이 같은 답을 선택한다.

언어학에서는 언어를 구성하는 음운과 의미의 관계에는 필연성이 없다고 말해왔다. 예를 들어 같은 「개」라도 영어로는 Dog이기 때문에, 언어의 소리와 나타내는 의미는 전혀 관계가 없을 수도 있다.

그러나 우리가 사용하는 언어 중에는 언어의 「소리」와 「의미」가 연결되어 있는 것처럼 생각되는 예도 발견된다. 「부바와 키키」의 예를 봐도 우리는 언어의 소리에서 뭔가 공통된 이미지를 느끼는 것으로 보인다. 어떤 연구에서는 「모음 a는 크거나 부드러운 것, 둔하고 느린 움직임을 나타내며, 모음 i는 작은 것을 나타낸다」라고 보고되었다. 소리가 의미나 이미지를 상기시키는 현상을 「음상징」이라고 부른다.

『Gastrophysics: The New Science of Eating』의 저자 찰스 스펜스는 「모양에도 맛이 있을까?」라는 의문을 갖고, 10년 동안 전 세계의 푸드 페스티벌이나 과학 행사에서 사람들한테 입에 넣은 음식의 미각 체험이 「부바」였는지 「키키」였는지 물어보고 다녔다고 한다. 조사 결과, 사람들의 대답에는 일관성이 있었는데, 탄산이나 쓴맛, 짠맛, 신맛을 뾰족한 모양의 「키키」에, 단맛이나 크리미한 맛을 둥근 모양의 「부바」에 연결시켰다고 한다. 향이나 풍미에서도 이런 일이 일어날까?

만약 레스토랑 메뉴판에 「참돔 푸알레, 키키(또는 부바) 스타일」이라고 적혀 있는 것을 본다면, 기대감이나 이미지에 차이가 생길까? 물론 이런 불친절한 표기는 하지 않겠지만, 음식점에서 가게 이름이나 메뉴 이름을 붙이는 방법, 서비스할 때의 설명 등 요리 접시 밖에 있는 언어의 뉘앙스가 인상을 좌우하는 경우도 많다. 그래서 브랜드 이름을 결정하기 위해 많은 돈을 투자하는 기업도 많다.

여기서는 경험 많은 셰프가 「부바」 이미지가 있는 풍미의 요리와 「키키」 이미지가 있는 풍미의 요리를 각각 만들어보았다. 독자 여러분은 이 의견에 공감할 수 있을까?

부바와 키키,
여러분은 어떤 음식이
상상되나요?

부바와 키키의 이미지로 음식을 만들어보자

부바는 바닐라향? 키키는 라임향?

아래 레시피는 의미가 없는 「부바」와 「키키」라는 단어의 어감에서 느껴지는 이미지에 따라 요리전문가가 만든 2가지 요리이다. 전혀 다른 풍미의 맛있는 요리가 각각 완성되었다.

「부바」는 혀에 달라붙을 듯한 농도 진한 식감과 바닐라의 달콤한 향이 있는 메뉴, 「키키」는 깔끔한 매운맛과 산뜻한 라임향이 있는 메뉴이다. 요리에 대한 우리들의 감수성은 맛뿐 아니라 향, 나아가 다른 감각에까지 널리 이어져 있는 듯하다.
언어의 뉘앙스에서 얻은 이미지로 레시피를 만드는 것은, 새로운 아이디어의 원천이 될 수 있는 시도이다.

「부바 이미지」로 향을 느끼는 레시피(p.142)

만들어
봅시다

바닐라크림소스를 뿌린 바닷가재 포셰

재료(2인분)
바닷가재 …… 1마리
페투치네(건면) …… 60g

소스
양파 …… 1/2개(슬라이스)
셀러리 …… 1/3줄기(슬라이스)
당근 …… 1/4개(슬라이스)
버터 …… 5g
화이트와인 …… 200㎖
닭육수 …… 200㎖
생크림 …… 200㎖
바닐라 …… 1/2개
소금 …… 조금

만드는 방법
1 소스를 만든다. 채소를 버터에 볶다가 화이트와인을 넣고 알코올을 날린 뒤, 닭육수를 넣어 5분 동안 끓인다. 체에 거른 뒤 생크림과 바닐라를 넣고 소금으로 간을 맞춘다.
2 물을 넉넉히 끓여서 바닷가재를 넣고 15분 정도 삶는다. 다리는 껍질을 가르고, 몸통은 반으로 잘라 내장과 모래주머니를 제거한다.
3 페투치네를 삶아서 소스에 버무린 뒤 바닷가재와 함께 담는다.

「키키 이미지」로 향을 느끼는 레시피(p.143)

만들어
봅시다

우설 타코

재료(4인분)
콘 토르티야 …… 8장
우설 …… 180g(깍둑썬)
소금 …… 1작은술
검은 후추 …… 조금
올리브오일 …… 1큰술

토마토 살사
토마토 …… 1/2개(깍둑썬)
양파 …… 1/4개(다진)
소금 …… 1/2작은술
올리브오일 …… 1작은술

과카몰리
아보카도 …… 1개
라임즙 …… 1/2개 분량
소금 …… 1/2작은술
올리브오일 …… 1작은술

고수 …… 적당량(한입크기로 썬)
생할라페뇨 …… 적당량(슬라이스)
래디시 …… 적당량
라임 …… 적당량

만드는 방법
1 우설에 소금, 검은 후추를 뿌리고 올리브오일을 두른 팬에 굽는다.
2 토마토 살사, 과카몰리의 재료를 각각 섞는다.
3 구운 콘 토르티야에 우설, 토마토 살사, 과카몰리, 고수, 할라페뇨를 올리고 래디시와 자르지 않은 할라페뇨, 라임을 곁들인다.

농도 진한 식감과
바닐라의 달콤한 향이 잘 어우러진다.

상큼한 라임향에
고추의 깔끔한 매운맛이 더해진 타코.

마음을 움직이는 향, 요리에 필요한 지식

다른 사람에게 요리를 제공할 때 「향」의 관점에서는 무엇에 주의하면 좋을까? 후각이라는 감각의 특성, 그리고 다른 감각과의 상호관계를 확인해보자.

또한 최근에는 마음에 작용하는 「향의 힘」에 대해 관심이 높아지고 있다. 향을 맡음으로써 사람은 마음이 편안해지고 집중력이 높아진다. 물론 요리의 향도 사람의 마음에 영향을 줄 것이다.

여기서는 요리를 제공할 때 주의해야 할 향의 특징에 대해 알아본다.

향을 제공할 때
도움이 되는 지식을
알려드립니다.

Q 익숙해지면 왜 향을 느낄 수 없게 될까?

후각에는 「순응」, 「습관화」가 있다.

커피숍의 문을 여는 순간에는 강렬한 향에 놀랐지만, 어느새 그 사실을 잊는다. 향수가게에서 상품을 천천히 시향하다보면 점점 향을 구별할 수 없게 된다. 누구나 한 번쯤은 이런 경험이 있을 것이다.

후각 순응

후각을 통한 지각에는 「순응」, 「습관화」가 있다. 지속적인 향의 자극은 시간이 지나면 느끼기 힘들어지는 것이다. 시각이나 청각에서는 「순응」, 「습관화」가 잘 나타나지 않지만, 후각의 경우에는 명확하게 나타난다. 와인이나 향수의 향을 맡을 때 열심히 맡으면 맡을수록 향이 구분이 안 될 때가 있다. 그럴 때는 자신의 팔 냄새 등을 맡아서 후각을 리셋해야 한다. 다른 종류의 향을 맡으면 후각이 원래대로 다시 민감하게 작용하기 때문이다.

「일상적이고 익숙한 향」에는 둔해진다?

일상적으로 특정 향에 노출되어 있는 사람은 그 향을 약하게 느끼는 경향이 있다.

직장에서 평소에 새콤달콤한 향물질 「아세톤」에 자주 노출되는 사람과 그렇지 않은 사람을, 각각 그룹으로 나눠서 아세톤향에 대해 평가하는 실험을 했다. 그러자 평소에도 아세톤향을 맡았던 사람들이 이 향을 「약하게」 느끼는 경향이 있다는 사실이 드러났다. 아세톤 이외의 향에 대해서는 차이가 없었다.

아무래도 우리는 자신한테 익숙한 향에 대해서는, 강해도 크게 신경이 쓰이지 않고 향의 존재를 잘 의식하지 못하는 듯하다.

해외에서 온 사람이 공항에 내리면, 그 나라 특유의 냄새를 느낀다고 한다. 일본의 경우 생선이나 간장 냄새가 느껴진다고 하는데, 일본에 있으면 그런 냄새가 의식되지 않는다.

요리의 향에 대해서도 마찬가지이다. 음식점에서 매일 같은 음식을 제공하는 사람과 처음 요리를 접하는 손님은, 이런 입장 차이에 따라 식재료와 조미료의 향에 대한 반응 정도에 차이가 생길 수 있다.

COLUMN

좋은 향과 풍미를 느끼는 방식은 환경에 따라 달라진다

비행기에서 제공하는 다양한 서비스 중 가장 마음에 드는 것이 「기내식」이라고 말하는 사람들이 많다. 하지만 1만m 상공에서 맛있는 요리를 제공하는 것은 어려운 일이다. 기압이나 습도가 지상과 크게 다르기 때문이다. 주요 변화는 다음과 같다.

- 짠맛과 단맛에 대한 감도가 30%나 떨어져 미각이 바뀐다.
- 공기가 건조해서 후각이 둔해진다.
- 요리에 함유된 향분자의 휘발 정도가 지상과 다르다.

지상과 같은 음식을 제공해도 결코 맛있게 느끼지 못하기 때문에, 기내 환경에 맞는 특별한 레시피가 필요하다.

Q 농도 차이로 향의 이미지가 달라질까?

**같은 종류의 향분자가
전혀 다른 느낌을 주기도 한다.**

향 체험의 근원이 향분자라는 것은 확실하다. 하지만 신기하게도 분자의 종류가 같아도 전혀 「다른 냄새」로 느끼는 경우가 있다. 「농도」 차이로 향의 느낌이 크게 달라질 수 있기 때문이다.

예를 들어 「데칸알(Decanal)」이라는 향분자는 농도가 높으면 기름냄새(악취)가 나고, 농도가 낮으면 오렌지 같은 향이 난다.

「스카톨(Skatole)」은 농도가 높으면 스컹크 냄새(악취)가 나지만, 농도가 낮으면 청량감 있는 향이 느껴진다. 「인돌(Indole)」은 농도가 높으면 사람들이 싫어하는 똥냄새(악취)가 나지만, 농도가 낮으면 꽃향이 느껴진다. 재스민꽃 등에도 함유되어 있으며, 향수를 조향할 때도 많이 사용한다.

또한 향의 블렌딩이 단순한 덧셈이 아니라는 사실은 조향의 세계에서도 잘 알려져 있다.

예를 들어, 어떤 향분자가 다른 향분자의 수용을 차단하는 경우가 있다. 식품의 향 역시 조합의 궁합에 주의해야 한다.

농도에 따라 달라지는 향 이미지

이름	고농도	저농도
푸르푸릴메르캅탄	악취	견과류를 태운 향
α-이오논	나무 같은 향	제비꽃 같은 향
γ-노나락톤	코코넛 같은 향	프루티, 플로럴계열 향
스카톨	스컹크 냄새(악취)	청량감 있는 향
인돌	불쾌한 냄새, 똥냄새	재스민이나 치자 같은 달콤한 꽃향

같은 종류의 향분자라도 농도에 따라 느낌이 크게 달라진다.

농도가 다를 뿐인데,
향이 이렇게
다르게 느껴지네요.

Q 향은 마음에 어떤 영향을 미칠까?

> 정신적인 면에 작용하는 향에 대한 연구가 최근 진행되고 있다.

과일이나 허브 성분의 영양학적 가치와 생리활성작용은 이전부터 조사되었지만, 이들이 가진 「향」의 정신적인 면에 대한 작용도 관심을 끌고 있다. 마음을 진정시키고 싶을 때나 힘을 내야 할 때는 디저트, 차, 칵테일 등으로 한숨 돌리면서 여러 가지 식물향의 힘을 활용해보자.

오렌지향

부드럽고 산뜻한 스위트오렌지의 향은 편안한 느낌을 주는 향으로 알려져 있다.
잠자리에 들기 전 방에 오렌지껍질향을 뿌렸더니 자율신경계 부교감신경의 활동이 활성화되어(휴식 모드) 숙면을 취할 수 있었다는, 고령자를 대상으로 한 실험결과도 있다.
여유롭게 보내고 싶은 오후에는 오렌지껍질을 이용한 디저트를 즐겨보자.*1

페퍼민트향

청량감 있는 페퍼민트향을 맡으면 「머리가 맑아진다」, 「기운이 난다」, 「집중이 잘 된다」 등과 같은 기분이 상승한다는 사실이, 초등학생 대상의 실험에서 밝혀졌다.
공부나 일을 하다 잠깐 쉴 때 기분을 리셋하기 위해, 생 또는 건조 민트를 차나 간식에 활용해 보자.*2

재스민향

재스민꽃의 달콤하고 진한 향에는 각성작용이 있다. 재스민꽃에서 추출한 천연향료의 향을 맡은 사람의 뇌파는 커피향을 맡았을 때와 매우 비슷하다. 한편, 반대로 재스민차(찻잎에 재스민향이 배어든 차)를 20배 정도로 희석한 연한 향에는, 진정작용이 있는 것으로 조사되었다.*3

*1 『스위트오렌지의 향이 돌봄이 필요한 고령자의 취침 전 불안에 미치는 생리적 영향』 마쓰나가 게이코, 이주영, 박범진, 미야자키 요시후미. 아로마테라피학 잡지, vol.13(1) (2013)
*2 『정유가 초등학생의 계산력과 기분에 미치는 영향』 구마가이 치즈, 나가야마 가오리, 아로마테라피학 잡지, Vol.16, No.1(2015)
*3 요모기다 가쓰유키 『장미 향수』 구룡당(2005),
이노우에 나오히코 『재스민차의 향 및 향성분이 자율신경 및 작업 효율에 미치는 영향』 교토대학(2004)

COLUMN

향이 전달되는 경로

향 정보의 전달 경로를 보면 후세포에서 극히 짧은 과정을 통해, 뇌 속의 「대뇌변연계」나 「전두엽」으로 전달된다.
「대뇌변연계」란 구뇌, 정동뇌 등으로 부르기도 하는 뇌의 한 영역으로, 희로애락 등의 감정이나 스트레스 반응에 관계된 「편도체」, 기억을 관장하는 「해마」도 포함된다. 편도체에서 다시 자율신경계나 내분비계, 면역계로 정보가 전달되면서 심신조절에 관여한다.

Q 향과 오감의 관계는?

후각은 다른 감각과 많은 상호관계를 갖는다.

통합되는 감각

음식의 맛에서 미각뿐 아니라 후각이 큰 역할을 한다는 사실이 밝혀졌지만, 최근 연구에 의하면 감각의 상호관계는 여기서 그치지 않는다.

예를 들어 음식의 맛은 시각, 청각, 촉각 등에 따라 달라진다고 알려져 있다.

와인의 맛은 색에 따라 달라지고, 맥주의 맛은 라벨에 따라 달라지며, 음식의 맛은 식사할 때 사용하는 커트러리의 무게에 따라 달라진다.

원래, 먹는 행위는 오감을 최대한 작동시켜야 하는 작업이다. 바깥세상의 것을 자신의 몸의 일부로 만드는 것이므로 당연한 일일지도 모른다. 들어온 모든 정보를 종합해, 기억과도 대조해서 판단한 뒤 음식을 삼킨다. 인식되는 각각의 정보를 동등하게 따로따로 처리하는 것은 아니다.

크로스 모달리티

「크로스 모달리티(Cross-modality, 경계를 넘어선 감각·오감이 상호관계를 맺는 것)」,「멀티센서리(Multisensory, 다감각)」는, 이제 풍요로운 음식 장면을 만드는 데 있어서 중요한 키워드가 되었다. 이전에는 오감이 받은 자극은 별도의 정보로, 뇌에서 처리되는 것으로 알려져 있었다. 하지만 다감각이 서로 영향을 주고받으면서 지각에 이르게 된다는 것이 밝혀졌다.

그렇지만 요리 전문가들은 크로스 모달리티를 잘 활용하는 아이디어를, 예전부터 경험적으로 이해하고 실전에 활용해왔다. 이시이 요시아키의『요리에 도움되는 허브도감』에는 이렇게 적혀 있다.

「향이나 맛은 코나 혀로 느낄 뿐만 아니라 실제로는 눈으로도 느낀다. 예를 들어 레몬그라스에서 향을 추출할 수는 있어도 색은 거의 추출되지 않는다. 그런데 여기에 살짝 노랗게 색을 입히면 신기하게도 향이 강하게 느껴진다」.

요리는 종합예술이라고 하는데, 우리의 감각이 인식하는 여러 요소에 의해 맛이 형성된다는 것을 알 수 있다.

COLUMN

다큐멘터리 영화「노마 도쿄, 세계 제일의 레스토랑이 일본에 왔다」
__매장 만들기와 크로스 모달리티

영국의 레스토랑 잡지『세계의 베스트 레스토랑 50』에서 1위를 차지하기도 한 덴마크의 레스토랑「NOMA(노마)」. 2015년에는 노마의 오너 셰프 레네가 도쿄에서 기간 한정으로「노마 도쿄」를 운영하기 위해 실력파 셰프팀과 함께 도쿄를 찾았다. 그들은 일본 각지를 다니면서 식재료를 찾고, 레시피 개발을 위한 여러 시도를 반복했다. 이 영화는 손님들이 알지 못하는, 많은 시간과 노력을 필요로 하는 준비 과정을 그린 다큐멘터리 영화이다. 영화 끝부분에 오픈 직전 매장 안을 둘러본 레네가 손님 좌석에 있는 쿠션을 걷어내며,「이건 필요 없다」라고 중얼거리는 장면이 나온다. 부드러워 보이는 쿠션이 NOMA의 창작성에 어울리지 않았기 때문일까. 음식의 맛뿐 아니라 매장 내의 환경을 포함한 식사 경험 자체가 음식의 풍미라고 생각하는, 셰프의 인식을 짐작할 수 있는 한마디였다.

문학으로 보는 「향의 힘」

어떤 사람에게 있어서 「향」의 의미는, 인류 공통의 신체적 요소에 의해 정해지기도 하지만, 개인적인 경험에서 비롯되기도 한다. 어쨌든 대부분의 향은 일상생활에서 수많은 판단의 자료 중 하나일 뿐이다.

다만, 때때로 특정 향이 그 사람의 내면 깊이 스며들어 큰 힘을 주기도 한다. 여기서는 문학작품 속에 표현된 「향의 힘」을 소개한다.

『레몬』

1901년에 태어난 가지이 모토지로 작가의 단편소설 『레몬[檸檬]』.

고등학교 국어 교과서에도 실린 이 작품은 이렇게 시작된다.

> 「정체를 알 수 없는 불길한 덩어리가 내 마음을 계속 짓누르고 있었다. 초조라고 할까,
> 혐오라고 할까 ──」

> 어느 날 아침에도 「나」는 「무언가가 나를 몰아붙이는」 듯한 느낌을 받으며 거리를 방황했다.
> 교토의 거리를 이곳저곳 걸어 다닌 나는 어느 과일가게 앞에서 걸음을 멈췄다.
> 그리고 레몬을 딱 1개만 샀다.

> 「나는 몇 번이고 그 과일을 코에 대고 냄새를 맡았다.
> 레몬의 산지인 캘리포니아를 머릿속에 떠올린다.
> (중략)
> 그리고 향긋한 공기를 가슴 깊숙이 들이마시고 나면,
> 여태껏 한 번도 이렇게 깊이 숨을 쉬어본 적 없는 내 몸과 얼굴에 따뜻한 피의 잔열이 돌기 시작하여
> 어쩐지 몸속의 좋은 기운이 눈을 뜨는 것 같았다……」

그리고 이후, 「나(화자)」는 「생활이 아직 궁핍하지 않았던」 무렵에 좋아했던 「마루젠」에 들어가고, 이야기는 끝을 향한다.

답답한 마음의 주인공에게 이국의 이미지를 느끼게 하고, 몸 상태를 바꿔주며, 뜻밖의 행동을 하게 한 레몬의 향은, 레몬의 색(시각), 차가움(촉각) 등 다른 감각과 함께 그의 내면 깊숙이 스며들었던 것이다.

Q 향으로 아름다워질 수 있을까?

**장미향이 심신에 미치는 영향이
연구되고 있다.**

아름다워지는 메커니즘

사랑과 미의 여신 비너스의 상징인 장미. 여신의 꽃을 가까이 두면 아름다워질 거라는 상상을 뒷받침해주는 연구결과가 있다. 장미(로사 알바 품종)의 향이 스트레스를 완화하고, 피부장벽 기능의 저하를 억제한다고 밝혀졌다.[*] 21세 전후의 여성을 대상으로 한 실험이었다.

꽃의 좋은 향을 맡는 것이 어떻게 피부에 영향을 줄까? 향 정보는 뇌 속의 「대뇌변연계」라는 영역에 짧은 단계를 거쳐 전달된다(p.147). 대뇌변연계는 희로애락 등의 감정이나 스트레스 반응에 관련된 「편도체」, 또는 기억을 관장하는 「해마」도 포함하는 영역이다. 여기에 도착한 향 정보는, 다시 우리의 신체를 조절하는 자율신경계, 내분비계, 면역계에 영향을 준다. 따라서 장미의 좋은 향을 느끼는 일이, 나아가서는 피부 상태를 좋게 만든다고 할 수 있다.

올드로즈의 향

꽃집에 가면 많은 종류의 장미가 있는데, 그중에는 향이 약한 것도 있다. 현대의 장미는 인공 교배 기술에 의해 매우 많은 품종이 만들어졌다.

장미 재배의 역사는 오래되었고 7000년 전 고대 이집트의 유적에서도 장미 꽃다발이 발견되었는데, 사실 19세기 초까지만 해도 장미의 재배 품종은 4종류에 불과했다. 몇 안 되는 역사가 있는 올드로즈 중 하나가 다마스크 로즈(로사 다마스세나)이다. 다마스크 로즈는 에센셜오일(정유: 천연 향료)을 채취하는 장미로, 향이 강한 것으로 유명하다. 현재는 튀르키예나 불가리아에서 많이 재배되고 있다(다마스크 로즈의 자식에 해당하는 것이 앞에서 말한 「로사 알바」로, 향조가 계승되었다).

여기서는 장미향 디저트의 레시피를 소개한다. 향으로 스트레스가 완화되면 아름다운 피부를 가질 수 있을지도 모른다.

[*] Mika Fukada 외, 「Effect of "rose essential oil" inhalation on stress-induced skin-barrier disruption in rats and humans.」 Chemical Senses, Vol.37(4)(2012)

장미향을 살리는 레시피

만들어
봅시다

복숭아 콩포트와 장미 커스터드

재료(4인분)
복숭아 …… 2개
화이트와인 …… 100㎖
설탕 …… 200g
물 …… 400㎖

장미 커스터드
장미(말린 꽃잎) …… 2g
우유 …… 100㎖
달걀노른자 …… 1개 분량
설탕 …… 25g
박력분 …… 10g

만드는 방법
1 장미 커스터드를 만든다. 우유를 끓기 직전까지 데운 뒤, 장미꽃잎을 넣고 뚜껑을 덮어 10분 정도 두고 향이 배어들게 한다. 달걀노른자에 설탕, 박력분을 순서대로 넣고, 넣을 때마다 골고루 섞는다. 우유를 체에 내리면서 넣고 걸쭉해질 때까지 가열한다. 트레이에 옮겨서 바로 식힌다.
2 복숭아 콩포트를 만든다. 복숭아를 씻어서 반으로 자르고 씨를 제거한다. 냄비에 복숭아, 화이트와인, 설탕, 물을 넣고 끓인 뒤, 냄비 속에 들어가는 크기의 뚜껑을 덮는다. 5분 정도 약불로 가열한 뒤 국물째 식혀서 껍질을 벗긴다.
3 그릇에 장미 커스터드를 깔고 **2**를 올린다.

화려한 장미향의 로맨틱 디저트.
복숭아는 식감을 살리기 위해 그대로 콩포트를 만든다.

브랜딩 ✕ 향

이 책에서는 요리의 조합이나 음식을 즐기기 위한 목적으로 향에 대한 여러 가지 지식을 소개했다. 음식과 향에 대한 지식과 기술은 그 자체로도 사람에게 도움이 되지만, 조금 시각을 달리하면 사회의 보다 많은 상황에서 다른 가치를 제공할 수 있다. 여기서는 지금까지 살펴본 내용을 사회에서 잘 활용하고, 풍부한 식문화를 만들어가기 위한 열쇠를 찾아본다.

향이 불러일으키는 이미지를
브랜딩에 활용해보자.

실습테마

향이 있는 식재료를 브랜딩에 활용해보자

「향」을 상징으로 사용한다

준비

학교나 기업에서 브랜딩(브랜드화)을 할 때 꽃, 나무, 과일, 채소, 허브, 향신료 등 향이 있는 식재료를 상징으로 선택한다.

과정

STEP 1

1 해당 기업이나 학교의 이념과 연혁을 정리한다.

2 현재 소속자의 의식을 설문조사나 의견교환 모임을 통해 알아본다.

3 해당 기업이나 학교의 미래에 대한 포부를 언어로 정리한다.

4 **1~3**을 바탕으로 특징과 브랜딩의 방향성을 키워드로 정리한다.

STEP 2

1 해당 기업이나 학교의 소재지에는 어떤 산업이 존재하는지 조사한다.

2 해당 시설의 소재지에는 어떤 역사와 문화가 있는지 조사한다.

3 이 중에서 향이 있는 식재료와 관련된 정보를 찾는다(p.162~189 참조).

STEP 3

1 **STEP 1**과 **STEP 2**를 통해 적합한 향의 식재료를 찾는다.

STEP 4

1 사용할 식재료가 정해지면 식재료의 매력을 최대한 활용한다.

〈예시〉

- 오리지널 요리 레시피나 음료 레시피를 생각한다(학교나 회사에서 제공).
- 교정에 심거나 사내에서 키워, 안팎으로 어필한다.
- 학교 축제 등의 이벤트에서 향을 즐길 수 있게 한다.
- 식재료와 관련 있는 곳을 취재해 좀 더 깊이 이해한다 등.

Q 향으로 브랜드 가치를 높여보자

**눈에 보이지 않아도
강한 인상을 남기는 「향」을 잘 활용하자.**

식품매장을 둘러보면서 「홍차는 항상 이 브랜드」, 「이 회사의 김이라면 선물하기에 손색이 없다」 등과 같이 브랜드를 믿고 구입을 결정한 경험이 있을 것이다.

「브랜드」란 영어의 「burnd(낙인을 찍다)」에서 파생된 말로, 원래는 소유권을 나타내기 위한 각인(출처표시)을 의미했다. 요즘에는 주로 기업이 자사 상품을 다른 메이커와 구별하기 위한, 식별기호를 가리키는 경우가 많다.

식품 브랜드의 경우 안전성이나 맛의 보증(품질보증 기능), 소비자에게 상품에 대해 전달하는 커뮤니케이션 수단(광고, 홍보)의 역할을 하고 있다. 지속적으로 고객을 끌어들여야 하는 기업에게 브랜딩은 중요한 과제이다. 오감에 호소하는 자극은 모두 브랜드의 정체성과 관계가 있지만, 지금까지는 주로 시각적 요소(브랜드 로고나 색깔 등)와 청각적 요소(TV CM에서 기업명과 함께 짧은 멜로디를 들려주는 등)만을 중시해 왔다.

그러나 최근에는 후각을 사용한 브랜딩이 예전보다 주목받고 있다.

어느 대형 커피체인점은 사업 확대로 효율화를 진행하던 중, 오히려 창업 당시처럼 매장에서 수시로 원두를 가는 것으로 방침을 다시 바꿨다고 한다. 원두를 미리 갈아두면 직원의 수고는 줄어들겠지만, 그로 인해 매장 안에서 「갓 갈아낸 원두의 향」은 사라진다. 커피숍을 찾는 사람들에게 있어서, 그것이 언어를 사용하지 않는 강력한 신호로 작용한다는 사실을, 회사가 깨달은 것이다.

또한 현재는 많은 호텔 등의 숙박시설이나 항공사, 의류기업 등에서 조향한 오리지널 향을 브랜딩의 일

환으로 도입하고 있다.

『BRAND SENSE(세계 최고 브랜드에게 배우는 오감 브랜딩)』에서, 저자인 마틴 린드스트롬도 후각이나 미각·촉각을 사용한 소구(어필)의 중요성에 대해 지적하고 있다. 그가 오감과 브랜드에 대해 연구를 시작한 것은 어느 여름날, 도쿄 신주쿠에서 있었던 일이 계기가 되었다고 한다. 지나가는 사람의 향수 냄새를 맡은 순간, 그의 마음은 갑자기 25년 전 덴마크에서 지낸 어린 시절로 되돌아갔다. 그 향수가 어린 시절 친구의 어머니가 뿌리던 것과 같았기 때문이다. 이 경험은 매우 사실적이고 강렬하며, 감정과 강하게 연결되어 있다.

이처럼 향을 맡자마자 오래된 기억이 선명하게 되살아나는 것을, 향의 「프루스트 효과(The Proust Effect)」라고 부른다. 이는 프랑스 작가 마르셀 프루스트의 장편소설 『잃어버린 시간을 찾아서』에 나온 묘사 중, 차에 적신 마들렌의 풍미를 계기로 주인공의 어린 시절 기억이 선명하게 되살아난 데서 유래된 이름이다.

향은 사람한테 생각지 못한 큰 인상을 남긴다. 우리가 오늘날 무심코 선택하는 상품이나 서비스의 브랜드 이미지에도, 사실은 향의 힘이 크게 기여하고 있을지도 모른다.

향에 의해 오래된 기억이 되살아나는 것을 「프루스트 효과」라고 부른다. 사진은 마르셀 프루스트를 그린 우표.

ⓠ 향에 대한 지식을 레시피 창조에 활용하자

> 「엘 불리」의 메뉴를 예로 들어,
> 향의 활용을 고민해보자.

「오늘날 〈엘 불리(El Bulli)〉가 존재하는 것은 창조성 덕분이다. 창조성이야말로 직원들의 열정과 헌신을 뒷받침할 뿐 아니라, 사람들이 엘 불리에 가고 싶어 하는 이유이기 때문이다.」
『A Day at Elbulli(페란 아드리아 외 지음)』에 적혀 있는 내용이다.

페란 아드리아의 「분자 가스트로노미(분자요리)」가 과학적 지식을 응용한 새로운 조리법을 제시하고, 그 참신함으로 세계적으로 크게 주목을 받은 사실은 잘 알려져 있다. 그가 이끄는 레스토랑 「엘 불리」에서는 손님의 모든 감각·감정·지성을 작동시켜, 놀라움을 선사하는 음식체험이 펼쳐진다.

엘 불리의 책에 쓰여진 창작기술Ⅲ 「오감을 구사한다」에서는 향과 관련된 연구의 예로 2가지 요리가 소개되어 있는데, 어떤 아이디어인지 살펴보자.

첫 번째는 「민트 아이스크림과 오렌지플라워 풍미의 감초를 곁들인 초콜릿 스폰지」라는 이름의 디저트이다. 테이블로 옮기기 직전에 따뜻하게 데우고, 오렌지플라워 스프레이를 뿌려 유리 덮개를 덮어둔다. 손님 앞에서 덮개를 열면 향이 퍼지도록 하는 것이다.

확실히, 냉동 식재료를 사용할 경우에는 온도가 낮아서 향분자가 증발하기 어렵다는 문제가 있다. 민트 아이스크림에 함유된 향물질 「멘톨(Menthol)」은 입안에 넣은 뒤 온도가 올라갈 때까지 향이 잘 느껴지지 않는다. 그래서 디저트를 서빙했을 때의 향 임팩트를 향 스프레이로 보강한다는 아이디어이다.

다른 하나는 「손님들이 음식을 먹으면서 로즈메리향을 즐길 수 있는 바닷가재 요리」이다. 로즈메리를 요리에 직접 넣는 것이 아니라, 손님이 작은 로즈메리 가지를 들고 코로 향을 맡으면서 접시 위에 있는 요리를 먹는 스타일이라고 한다.

앞에서 설명한 것처럼 음식을 후각으로 느끼는 경우, 향분자가 운반되어 오는 경로는 2가지이다. 코끝에서 감돌다가 콧구멍 깊이 도달하는 향(코끝향), 또 하나는 입안에서 음식을 씹어서 삼킬 때 내쉬는 숨을 통해 느껴지는 향(뒷향)이다. 후자는 미각과 섞여서 「풍미」로 느껴진다(→ PART 1 참조).

이 2가지 후각은 느끼는 방식이 다르다는 보고도 있으며, 같은 재료라고 해도 반드시 같은 느낌이라고 할 수 없다. 이 요리에서는 의식적으로 코끝향을 느끼게 한다.

또한 로즈메리는 향 요소뿐 아니라 쓴맛 등의 미각 요소도 가진 허브이다. 향은 더하고 싶지만 맛은 더하고 싶지 않은 경우도 있을 것이다. 게다가 로즈메리를 시각적으로 의식하면서 맛보는 경우와 그렇지 않은 경우에도 맛의 느낌은 달라질 수 있다(크로스 모달리티 → p.148 참조).

아마도 이러한 여러 가지 이유로 「요리에 포함시키지 않고, 좋은 향을 따로 맡으면서 먹는다」라는, 다른 레스토랑에서는 찾아보기 힘든 서비스 방법을 「엘 불리」에서 만들어냈다고 생각한다.

보통 우리는 식사 때 풍미에 후각이 이 정도로 기여한다는 사실을 잊기 쉽다. 맛 = 미각으로 생각하는 경향이 있는데, 요리와 후각의 관계에 대해 다시 한번 상기시켜주는 요리임에 틀림없다.

Q 크리에이티브한 레시피를 만들고 싶다면?

> **창조적이기 위해 필요한 것은 무엇인지,
> 미국 학자들이 연구하고 있다.**

심리학 박사 테레사 아마빌(T.M.Amabile)의 「창조성 구성이론(Componential Theory of Creativity)」에 의하면 창조성은 3가지로 구성된다. 「분야에 대한 전문지식」, 「창조적인 사고」, 「동기부여」 등이다.

요리 분야에서 창조성을 발휘하고 싶을 때는 어떤 것들이 필요할까? 이 이론을 바탕으로, 예를 들어 「좋은 향이 매력 포인트인 새로운 요리 레시피」를 만드는 경우를 생각해보자.

① 전문지식(domain-relevant skills)

창조성 발휘의 베이스가 되는 것은 그 분야에 대한 전문지식이다.

꾸준한 노력이 필요한 작업일지 모르나, 먼저 식재료, 조리방법, 참조 레시피, 이용한 역사 등에 대해 잘 조사하여 지식을 쌓아두자. 좋은 향이 매력 포인트인 요리라면, 각종 허브나 향신료, 채소와 과일 등 식재료 풍미의 특징과, 조리할 때의 주의점에 대해 아는 것도 중요하다. 물론 향분자의 성질이나 후각 시스템에 대해서도 알고 있으면, 조리하거나 제공할 때 충분히 활용할 수 있다.

애당초 전문지식이 없으면 그 아이디어가 새로운 것인지, 실현 가능한 것인지 아닌지를 판단하기 어렵다.

② 창조적 사고(creativity-relevant skills)

창조성 발휘라고 하면 많은 사람들이 바로 이 능력을 떠올릴 것이다. 새로운 아이디어를 내기 위해 필요한 발상의 힘이다.

식재료의 조합을 바꿔보거나, 가열조리의 방법을 바꿔보자. 현재 상태에서도 시각을 달리하면 다양한 가능성이 보인다.

또한 요리와는 다른 분야에 대해서도 알아야 한다. 마음을 흔드는 예술을 경험해보고, 자신의 상식이 통용되지 않는 다른 나라의 조리법이나 오래된 레시피를 참조하는 것도 효과적이다. 물론 주위 동료와의 토론도 분명 창조적 사고를 위한 자극이 된다.

③ 동기부여(task motivation)

새로운 요리 레시피를 생각하는 것, 그 자체로 즐거움과 설렘이 느껴지는가. 「사람을 놀라게 하고, 기쁘게 하는 새로운 메뉴를 만들고 싶다」, 「스테디셀러 요리를 좀 더 연구해서 새로운 풍미를 만드는 것이 재미있다」 등처럼 말이다.

보수나 명성과 같은 「외적 동기부여」보다, 창조성을 더욱 강하게 북돋워주는 것은 개인의 「내적 동기부여」이다. 당신의 흥미, 탐구심, 기쁨은 어디를 향해 있을까? 창조적인 일로 성과를 내는 에너지의 원천은 스스로의 마음가짐이다.

테레사 아마빌의 「창조성의 구성요소」

그 분야에 대한 지식, 기능, 재능 등이 포함된다. 여기서 말하는 「전문지식」은 정식 교육과정에서 습득한 것에 한정되지 않는다. 주제에 대해 탐구하거나 문제를 해결할 때 필요한 머릿속의 지적 「스페이스」 같은 것이다. 일이나 취미의 경험에서 오는 노하우, 사람과의 교류 속에서 얻은 사고 방식 등도 포함된다. 이 스페이스가 넓으면 넓을수록 창조성으로 이어지기 쉽다.

이미 존재하는 아이디어를 바탕으로 그것을 유연하게 조합하여 새로운 아이디어를 내는 사고이다. 사물을 다른 각도에서 파악하거나, 언뜻 보기에는 관련성이 없는 분야의 요소를 추가하는 것 등에 능숙해지면 창조성으로 이어진다. 또한 어려운 과제를 끈기 있게, 계속 해결해 나가는 힘도 여기에 포함된다.

전문지식
domain-relevant skills

창조적 사고
creativity-relevant skills

창조성
Creativity

동기부여
task motivation

사람이 실제로 어떤 아웃풋을 내는지는 동기부여로 결정된다.
보수나 명성 등의 외적인 동기부여가 창조성을 방해하지는 않지만, 그렇다고 창조성을 높여주는 것도 아니다. 자신의 흥미, 탐구심, 열정 등 내적인 동기부여가 창조성을 높이는 중요한 요소가 된다.

창조적인 사람이 되려면 3가지 요소가 필요해요.

창조성은 분야에 대한 전문지식, 창조적 사고, 동기부여의 3가지 요소로 구성된다.

아이디어 창출을 위한 크리에이티브 디스커션(creative discussion)

미식가 브리야 사바랭(Brillat Savarin)은 저서인 『미식예찬(Physiologie du gout)』에서 「새로운 요리의 발견은 인류의 행복에 있어서 새로운 천체의 발견보다 더 큰 기여를 한다」라고 말했다.

새로운 레시피를 개발하기 위해 팀을 만들어서 아이디어 창출을 위한 토론을 해보면 어떨까? 혼자 생각하는 것이 아니라 음식점·학교·지역활동 속에서, 팀원 모두가 창조적인 결과를 내는 방법이다.

여기서는 많은 아이디어를 모으는 방법으로 「브레인스토밍」, 아이디어를 정리하는 방법으로 「KJ법」을 소개한다.

브레인스토밍

새로운 레시피로 연결되는 좋은 아이디어를 얻기 위해, 먼저 참가자 모두가 발상을 확산시켜야 한다. 「이 레시피는 실현 가능할까」, 「정말 맛있을까」 등의 체크는 하지 않는다. 우선은 즐기는 마음으로 수많은 아이디어를 내서, 새로운 레시피의 가능성을 넓히는 것이 중요하다. 당신이 농담으로 말한 그 아이디어도 다른 참가자들의 발상으로 연결될 수 있다.

브레인스토밍에는 4가지 규칙이 있다.[*1]

⟨규칙⟩

1 타인의 발언에 대해 비판을 포함한 반응은 하지 않는다.
2 자유분방한 아이디어를 중시한다.
3 중요한 것은 양이다. 질에 구애받지 말고 많은 아이디어를 낸다.
4 편승 환영. 타인의 아이디어를 발전시키는 것도 OK.

⟨진행방법⟩

1 아이디어를 낼 주제를 정하고, 참가자들은 빙 둘러앉는다. 모두가 볼 수 있는 화이트보드나 큰 종이를 준비한다.
2 순서를 정하고, 참가자는 생각나는 의견을 순서대로 낸다. 의견은 질에 관계 없이 모두 칠판 등에 받아 적는다.
3 의견이 나오지 않을 때까지 몇 바퀴라도 돌린다. 각자 너무 깊이 생각하지 말고 빠른 속도로 진행한다.

주의 발언의 질이나 오리지널리티는 평가하지 않는다는 점을 참가자들에게 알린다. 실현성을 판단하지 않고 폭넓게 가능성을 찾아내는 것이 목적이다. 단독으로는 실현성이 없어 보이는 아이디어라도, 다른 발상의 계기가 되기도 한다.

브레인스토밍이 끝나면 발언을 정리하여 활용할 수 있는 형태로 만든다. 정리에는 KJ법을 활용한다.

KJ법[*2]

⟨진행방법⟩

1 제시된 대량의 아이디어를 모두 따로따로 작은 카드에 적는다.
2 카드를 책상 위에 늘어놓고 비슷한 내용의 카드끼리 묶어서 그룹화한다. 정리할 수 없는 단독 카드는 무리하게 그룹에 끼워 넣지 않아도 된다.
3 카드 묶음마다 어떤 제목이 적합한지 생각해본다. 포스트잇 등에 제목을 적어서 붙여놓는다.
4 묶음마다 붙여놓은 제목을 주시한다. 각 그룹 간의 관계에 대해 생각한다. 관계가 있을 것 같은 묶음끼리 가까이 두는 등 배치를 바꾸면서 정리한다.
5 화이트보드나 노트 등에 각 묶음의 제목이 어떤 관계성을 갖는지 그림으로 표현한다. 마지막으로 얻은 결과를 적는다.

[*1] 「브레인스토밍」은 알렉스 오스본에 의해 시작된 방법으로, 지금도 집단에서 새로운 발상을 끌어내기 위해 사용한다. 1942년에 쓴 『Applied Imagination』에 참가자가 지켜야 할 4가지 규칙이 제시되어 있다.

[*2] 「KJ법」은 문화인류학자인 가와키타 지로가 데이터를 효율적으로 정리하기 위해 고안한 방법이다.

토론의 활용 예시

과제_ 야마가타현 특산물인 식용국화, 「못테노호카[もってのほか]」를 활용한 새로운 요리 레시피 개발

식용국화는 지금도 일식에서 사랑받고 있는 재료로, 조리방법은 초무침이나 무침이 대부분이다. 이 식재료의 특징이나 매력을 정리해서, 그룹 토론을 통해 새로운 레시피의 가능성을 찾아본다.

STEP 1_ 사전준비 및 정보공유

토론 전에 식재료에 대한 지식을 수집하여 구성원들과 공유한다. 지식의 유무는 창조성에 큰 영향을 미친다(→ p.157 참조)

- 식재료의 특징은? (원산지, 영양, 풍미, 색)
「못테노호카」는 선명한 연보라색이 아름다우며 풍미가 좋다. 아삭아삭 씹히는 맛도 좋다. 식용국화는 세계적으로 일본의 도호쿠~호쿠리쿠 지방에서 많이 재배되며, 미국과 유럽에서는 볼 수 없는 식재료이다.
- 가능한 조리방법은? (생식, 자르는 방법, 가열방법)
「못테노호카」는 기존의 초무침 등의 경우, 뜨거운 물로 살짝 데친 뒤 요리에 사용하는 경우가 많았다. 섬세한 재료이므로 조림 등 오래 가열하는 요리에는 알맞지 않다.
- 궁합이 좋은 양념은? (조미료, 토핑 등)
일식에서 「못테노호카」는 주로 간장, 식초, 미소된장으로 맛을 낸다. 그 밖의 다른 조미료와 조합해보면 어떨까.
- 계절감은?
「못테노호카」는 식용국화인데, 국화는 가을을 상징한다.
- 그 밖의 역사적, 문화적 스토리는?
중국에서 국화는 예로부터 연명의 약으로 사용되어 왔다. 9월 9일은 중양절로 국화주를 마시며 나쁜 기운을 물리치고 장수를 기원하는 관습이 있는데, 이 관습이 일본에도 전해졌다. 국화요리를 건강과 장수를 기원하는 메뉴로 소개하면 어떨까.

STEP 2_ 브레인스토밍 실시

식용국화 「못테노호카」에 대한 지식을 참가자들이 공유한 뒤, 어떤 새로운 레시피의 방향성을 생각할 수 있을지 아이디어를 모은다.

〈여러 의견의 예시〉

- 식용꽃으로 디저트 위에 토핑하면 예쁜 색감을 살릴 수 있지 않을까?
- 튀김옷에 넣으면 색감을 살릴 수 있지 않을까 → 고온에서 조리하면 향이 날아가지 않을까?
- 간장·식초로 절이는 대신 발사믹식초·올리브오일을 사용하면 어떨까? 마요네즈는 어떨까?
- 가을을 상징하는 다른 식재료(토란, 밤, 감)와 함께 계절감을 표현한 요리를 만들면 어떨까? 등.

STEP 3_ 「KJ법」 실시

다양한 발언을 KJ법으로 정리한다. 각각 다르게 보이는 아이디어 속에서 공통점을 찾아 그룹화한다. 많은 아이디어에서 몇 가지 방향성이 보인다.

예) ① 서양식 양념을 시도한다.
② 깔끔한 색감을 살린다.
③ 계절감을 살린다.

STEP 4_ 구체화, 시험작 만들기

STEP 3에서 정리된 방향성을 바탕으로 요리를 연구하고 시험작을 생각한다.

예) 「서양식 국화 마리네이드」
「국화를 토핑한 토란 아이스크림」 등.

나중에 시험작을 만들어서 시식한 뒤 평가한다. 토론과 실험을 반복하여 완성도를 높인다.

〈마지막으로 실현성 체크〉

조리기술·조리도구·수고·시간·비용 등.

향이 있는 식재료 사전

향이 풍부한 식재료 53종을 꽃, 과일, 허브, 향신료, 야생초, 버섯으로 나누어 소개한다.
각각의 식재료가 향을 즐기는 새로운 레시피의 힌트가 되어줄 것이다.

꽃

제비꽃

영어이름_ Violet
분류_ 제비꽃과
향성분_ α-이오논 (꽃).
2, 6-노나디엔알 / 2, 6-노나디엔올 등 (잎)

제비꽃속은 열대~온대 지방에 걸쳐서 분포하며, 전 세계에서 500종 정도가 확인된다. 한국에는 30종, 일본에는 60종 정도가 서식한다. 유럽 원산의 향기제비꽃은 향이 강하지만 향이 거의 없는 제비꽃도 있다. 일본 혼슈~규슈의 나무숲에서 자생하는 에이잔 제비꽃 등은 향이 좋기로 유명하다. 향기제비꽃(스위트 바이올렛)은 여러해살이풀로 10~15년 정도 자라는데, 고대 그리스에서는 진정효과가 있는 약용 허브로 알려져 있었다. 15세기경에는 포타주나 소스의 재료로 사용되었고, 꽃은 샐러드 재료로도 사용되었다.

현재 재배지로 유명한 곳은 남프랑스의 투레트 쉬르 루 마을로, 예전에는 꽃에서 향료를 채취했지만 현재는 잎에서만 채취한다.

제비꽃향은 설탕절임이나 아이스크림 등의 과자류, 또는 리큐어 등에 사용된다. 꽃과 잎은 식용할 수 있지만, 뿌리줄기와 씨에는 독성이 있으므로 먹지 않도록 주의한다.

벚꽃

영어이름_ Cherry blossom
분류_ 장미과
향성분_ 벤즈알데하이드 / 페닐에틸알코올

벚나무속의 갈잎넓은잎나무로, 온대~아열대 지방에 널리 분포한다. 일본에서 많이 재배하는 소메이요시노 벚나무는 에도시대에 교배·육성되었다.

소메이요시노 벚나무처럼 꽃향이 약한 것도 있지만, 스루가다이니오이나 오시마 벚나무처럼 향이 뚜렷한 꽃을 피우는 품종도 있다. 최근에는 이러한 벚꽃의 향이 한 종류가 아니라고 밝혀졌다. 한 가지는 그린 느낌(페닐아세트알데하이드)과 신선함(리날로올)이 특징인 향, 다른 하나는 달콤함(아니스알데하이드)과 파우더리한 느낌(쿠마린)이 특징인 향이다. 또한 양쪽 요소를 모두 갖추고 거기에 메틸아니세이트와 쿠마린에서 유래한 파우더리한 느낌을 더한 향도 있다.

벚나무 잎이나 꽃의 향을 이용한 음식으로는 사쿠라모치(팥소를 채운 분홍빛 떡을 벚나무 잎으로 감싼 것)와 사쿠라유(벚꽃소금절임에 뜨거운 물을 부은 차), 사쿠라시오즈케(벚꽃소금절임)로 만든 술 등이 있다.

인동

영어이름_ Honeysuckle
분류_ 인동과
향성분_ 리날로올 / 리모넨 / 재스민 락톤 등

한국·일본·중국에 분포한다. 줄기는 가늘고 긴 덩굴이 되어 다른 식물을 감으면서 자라는데, 10m 정도까지 자라기도 한다.

초여름에 달콤한 향의 꽃이 잎겨드랑이에 2개씩 달린다. 처음에는 하얗지만 노랗게 변하기 때문에, 흰색과 노란색의 꽃을 동시에 보는 경우도 많다. 꿀이 있어서 꽃을 빨면 달콤하기 때문에, 일본에서는 빨아먹는 덩굴풀이라는 뜻으로 「스이카즈라[吸い葛]」라고 부른다.

중국에서는 예로부터 줄기와 잎을 불로장수의 약으로 중시했으며, 명대에는 꽃도 약으로 사용되었다. 말린 꽃을 생약 「금은화(金銀花)」라고 하며 해열과 해독에 사용한다. 「인동(忍冬)」이라는 이름은 겨울에도 시들지 않기 때문에 붙여진 것이다. 피로회복과 해독 작용이 있는 인동주는 일본의 도쿠가와 이에야스가 즐긴 약주로 알려져 있다. 유럽에서 자생하는 허니석클(Honeysuckle)도 인동 종류이다. 서양에서도 로마시대부터 인동을 기침약 등으로 사용하였다.

보드카나 소주에 6개월 정도 담가두면 금은화주를 즐길 수 있다. 어린 잎은 나물로 먹고, 꽃도 튀김 등으로 식용한다.

장미

영어이름_ Rose
분류_ 장미과
향성분_ 게라니올 / 시트롤 / 다마스콘 /
　　　　 페닐에틸알코올 등

「꽃의 여왕」이라 불리는 장미의 향이 사랑을 받아온 역사는 매우 길어서, 기원전 2000년경 메소포타미아의 것으로 알려진 석고판에는 장미로 보이는 꽃의 향기를 맡는 여신의 모습이 묘사되어 있다.

한국이나 일본에는 장미과의 야생종인 찔레꽃, 해당화 등 여러 종류가 자생하며, 그중에는 향이 좋은 것도 있다.

장미는 현재 2만 종이나 되는 많은 품종이 등록되어 있는데, 겉모습을 중시해서 향이 약한 품종도 있지만 향은 장미의 매력에서 빼놓을 수 없는 중요한 요소이다.

『장미 향수[薔薇のパルファム]』라는 책에 의하면 현대의 장미는 주로 ① 다마스크 클래식 향, ② 다마스크 모던 향, ③ 차향, ④ 과일향, ⑤ 블루향, ⑥ 스파이시향 등 6가지 향의 계통으로 분류된다.

예로부터 장미 종류는 약초로 중시되어, 동서양을 막론하고 많은 처방에 등장한다. 부인과 계통의 증상 완화에도 이용된 역사가 있다.

꽃

캐모마일

영어이름_ Camomile
분류_ 국화과
향성분_ 안젤산 에스테르류 등

원산지는 서아시아~유럽이다. 캐모마일의 어원은「대지의 사과」라는 뜻을 가진 그리스어에서 유래되었다. 일본에서는 가미쓰레[加蜜列·加蜜児列]라고 부르기도 하는데, 네덜란드어「카밀러(kamille)」에서 유래된 이름이다.「캐모마일」중 식용으로 쓰이는 품종으로는 저먼 캐모마일(*Matricaria chamomilla*)과 로만 캐모마일(*Anthemis nobilis*)이 있다.

저먼 캐모마일은 독일에서는「엄마의 약초」라고 불리며 가정에서 민간요법에 사용되었다. 진정작용과 항염증작용이 뛰어나 수도원에 남아 있는 처방전에도 자주 등장한다. 생화와 말린 꽃 모두 허브차로 즐길 수 있으며, 민트나 멜리사와 블렌딩해도 맛이 좋다.

로만 캐모마일은 키가 30㎝ 정도이며 사과처럼 달콤한 향이 있다.

영국에서는 홉이 전파되기 전에는 맥주를 만들 때 다른 허브를 사용했는데, 클라리세이지나 쓴쑥 외에 캐모마일도 사용되었다.

목련

영어이름_ Kobus magnolia
분류_ 목련과
향성분_ 시트랄 / 시네올

한국, 일본 등지에 분포하며 나무키가 10m 정도 되는 갈잎나무이다. 봄이 오면 잎이 나기 전에 향기로운 흰 꽃을 피운다.

지역에 따라서는 목련꽃이 피면 못자리를 시작하는 등, 목련을 농사의 시기를 알려주는 지표목으로 이용하기도 한다. 또한 꽃이 달린 상태를 보고 그해의 풍작을 점쳤다고 한다.

꽃봉오리는「신이(辛夷)」라고 불리며 생약으로 이용되는데, 비염이나 축농증 등의 코막힘을 완화시킨다. 일본의 소수민족인 아이누족도 감기에 걸리면 신이를 약으로 이용했다고 한다.

향이 좋은 꽃잎은 식용할 수 있어서, 샐러드나 초무침 등으로 먹어도 좋고, 꽃차로 즐겨도 좋다. 또한 신선한 꽃잎에 보드카나 소주를 붓고 몇 주 정도 담가두면 목련주가 된다(꽃잎을 건져낸 뒤 어느 정도 숙성시키는 것이 좋다).

열매는 붉은색인데 모양이 주먹을 닮아서, 일본에서는 목련을 주먹을 의미하는「고부시[こぶし]」라고 부른다. 중국에서는 같은 목련과의 백목련도 식용하는데, 튀김 재료로 사용하거나 죽에 넣어 먹는다

오렌지플라워

영어이름_ Orange flower
분류_ 운향과
향성분_ 게라니올 / 아세트산리날릴 / 네롤 /
네롤리돌

감귤류의 꽃은 희고 사랑스럽고 향기로워서 식용이나 향장품용으로 애용되어 왔다. 16~17세기 이탈리아에서는 샐러드나 초절임을 만들어 먹었고, 사과와 함께 먹거나 설탕을 뿌려서 먹기도 했다.

1840년 영국에서는 빅토리아여왕이 결혼식에서 티아라 대신 오렌지플라워를 머리에 장식해, 그 뒤로 이 꽃이 신부의 패션 아이템으로 크게 유행하였다.

감귤류 중에서도 비터오렌지의 꽃에서는 정유(향료)가 추출되어 향수나 화장품 등에 유용하게 이용되었다. 정유는 먹을 수 없지만 정유를 추출할 때 부산물로 얻는 오렌지플라워 워터(p.90)는 중동이나 지중해 지역의 주방 필수품으로, 과자 등을 만들 때 사용된다.

프랑스의 마리 앙투아네트 왕비도 춥고 우울한 날에는 오렌지플라워 워터를 넣은 핫초콜릿을 즐겨 마셨다고 한다.

재스민

영어이름_ Jasmin
분류_ 물푸레나무과
향성분_ cis-자스몬 / 아세트산벤질 / 인돌 등

인도 원산 늘푸른나무의 꽃. 세계의 열대 및 아열대 지역에서 100종 이상이 재배되어, 「꽃의 왕」이라 불린다. 향료로 사용되는 품종(*Jasminum grandiflorum*)은 인도 외에 프랑스, 이집트, 모로코에서도 재배된다. 희고 향이 강한 꽃은 깊은 밤에 만개하므로, 향료를 채취할 때는 향이 조화를 이룬 이른 아침부터 꽃을 따기 시작한다.

향료 채취 외에 식용으로 사용되는 재스민은 말리화라고도 부르는 아라비안 재스민(*J.Sambac*)으로, 재스민차의 향을 내는 데 이용된다. 재스민차를 만들 때는 찻잎을 20~30㎝ 두께로 깔고 그 위에 같은 두께로 꽃을 올린 뒤, 이것을 층층이 겹쳐서 시트를 씌우고 얼마 동안 그대로 둔다. 이 작업을 반복해 찻잎에 좋은 향이 배어들게 한다.

재스민 생화의 경우 그 향을 과자를 만들 때 이용할 수 있다. 우유나 생크림을 따뜻하게 데운 뒤 불에서 내리고, 생화를 넣어 잠시 그대로 둔다. 그렇게 감미로운 향이 배어든 액체를 블랑망제(우유에 생크림·설탕·젤라틴·향료 등을 섞어서 굳힌 젤리) 등의 재료로 사용한다. 지나치게 가열하면 향이 없어지므로 주의한다.

오렌지

영어이름_ Orange
분류_ 운향과
향성분_ 리모넨 / 옥탄알 / 데칸알

늘푸른나무로 밝은색의 향기로운 열매가 달리는 오렌지나무는, 여러 문화권에서 풍요와 생명력을 상징한다. 현재 세계 감귤류 생산량의 3/4이 오렌지 종류로, 세계적으로 가장 많이 재배되는 과일나무 중 하나이다. 주로 스위트오렌지와 비터오렌지(광귤)로 분류한다. 스위트오렌지(*Citrus sinensis*)는 과육은 생식하거나 가공식품으로 이용하고, 껍질에서는 향료(정유)를 채유한다. 비터오렌지(*Citrus aurantium*)는 꽃에서는 네롤리(오렌지플라워, p.90), 잎에서는 페티그레인(Petitgrain)이라는 향료(정유)를 채유해 향수 등으로 이용한다.

오렌지가 중동에서 유럽으로 전해진 것은 중세 이후이지만, 그 뒤로 인기가 높아지며 17세기경에는 오렌지를 재배하는 온실을 갖는 것이 부유층의 상징이 되었다. 베르사유 궁전 마당에는 1,000그루 이상의 오렌지나무가 있었다고 한다. 1800년경에 나온 영국의 요리서 『The Complete Confectioner』에는 오렌지껍질 설탕절임과 오렌지 술이 소개되어 있다.

그러나 영국에서 오렌지껍질향을 살린 대표적인 식품을 꼽는다면 마멀레이드일 것이다. 영국의 아동문학을 원작으로 한 영화,「패딩턴」에서는 마멀레이드가 스토리 전개에서 중요한 역할을 한다. 또한 「패딩턴 2」에는 맛있는 마멀레이드 레시피의 비밀은 코로 향을 제대로 확인해서 질 좋은 과일을 선택하는 것, 그리고 레몬즙과 시나몬을 조금씩 넣는 것이라는 내용이 나온다.

COLUMN

감귤류의 조상

감귤류는 약 2, 3천만 년 전에 인도 아삼 근처에서 태어난 식물이다. 그로부터 오랜 시간 동안 자연교잡과 돌연변이를 겪으며 세계 각지로 퍼져나갔다.
현재 많은 품종이 있지만 기원은 모두 인도에서 시작된 「시트론」, 중국에서 시작된 「만다린」, 동남아시아에서 시작된 「포멜로」라는, 3종의 교잡종에서 유래된 것으로 보인다.

레몬

영어이름_ Lemon
분류_ 운향과
향성분_ 리모넨 / 시트랄 등

인도 북부 원산의 시트론이 조상인 감귤류의 일종으로, 양끝이 뾰족한 원통모양이 특징이다. 유럽에는 고대부터 전해졌지만 아랍인에 의해 중세부터 널리 보급되어, 15세기부터는 시칠리아섬과 코르시카섬에서 활발히 재배되었다. 독일의 시인이자 극작가 괴테는 「그대는 아는가, 레몬꽃 피는 나라를」이라고 햇빛이 강한 남쪽 땅에 대한 동경을 노래했다. 특히 껍질의 향을 귀하게 여겨, 중세 의사들은 우울증에 대한 처방으로 레몬을 권했다. 17세기에는 북유럽에서 부유의 상징으로 정물화에 레몬을 그리기도 했다.

다른 감귤류에 비해 당분이 적고 신맛이 강한데, 향이 산뜻해서 해산물과도 잘 어울린다. 이탈리아 남부에서는 피시소스와 레몬으로 맛을 낸 파스타를 즐겨 먹고, 시칠리아에서는 레몬 그라니타를 즐겨 먹으며 레모네이드 판매대도 흔하게 볼 수 있다.

한국의 제주도나 일본의 세토우치 지방에서도 소량이지만 레몬을 재배하고 있다.

최근에는 레몬향의 효과를 조사한 실험에서 레몬향이 계산작업 등의 피로감을 줄여주고, 활력저하를 예방하는 효과가 있다고 밝혀졌다.

유자

영어이름_ Yuzu
분류_ 운향과
향성분_ 리모넨 / 리날로올 / 티몰 / 유즈논 등

높이가 4m 정도 되는 늘푸른 떨기나무의 열매. 유자나무는 중국 원산으로 한국, 중국, 일본에 분포한다. 오렌지와 레몬 등의 감귤류에 비해 부드럽고 복잡한 향이 특징이다.

일본요리에서는 계절감을 표현할 때나 식욕증진에 사용되는 향미식물인데, 늦가을에는 유자껍질을 얇게 깎아서 국물요리나 차완무시(일본식 달걀찜)에 사용한다. 또한 아직 어린 청유자를 갈아 소금과 풋고추를 섞어 유즈코쇼를 만들기도 한다. 유베시(찹쌀에 유자, 생강을 넣고 반죽한 후 대나무잎으로 싸서 찐 떡)라는 화과자를 만들 때도 사용한다. 또한 에도의 우키요에(서민생활을 기조로 하여 그리는 회화양식) 화가인 가쓰시카 호쿠사이는 직접 유자와 술을 넣고 졸여서 만든 약을 복용해 중풍을 치료했다고 한다.

또한 한국에서는 유자를 잘라서 설탕, 꿀 등을 넣어 만든 유자차를 많이 마신다. 최근에는 미국과 유럽의 레스토랑에서도 유자를 사용하기 시작해서, 한국이나 일본의 유자를 수출하기도 한다.

음식으로 이용하는 것 외에, 일본에서는 에도시대부터 동짓날에 유자를 띄운 탕에서 목욕을 하면 감기에 걸리지 않는다는 이야기가 전해온다. 최근에는 실험을 통해 유자목욕을 하면 체온이 오랫동안 따뜻하게 유지된다는 사실이 밝혀졌다.

불수감

영어이름_ Buddha's hand/Fingered Citron
분류_ 운향과
향성분_ 리모넨 / 테르피넨

인도 원산 시트론의 변종으로, 길이가 15~20㎝ 정도 되는 선명한 노
란색 열매가 달린다. 열매 끝부분이 마치 손가락처럼 갈라져 있는데,
그 모습이 부처가 손을 합장하고 있는 것처럼 보인다고 해서 성스러
운 과일로 여겨왔다. 중국, 일본 등지에 분포하며, 일본에서는 에도시
대부터 관상용으로 설날에 도코노마(방에서 바닥을 한층 높게 만든 곳)
를 장식하거나 꽃꽂이에 이용되었다. 영어로는 「Fingered Citron」,
「Buddha's hand」 등으로 불린다. 일본에서는 현재 규슈 등지에서
재배된다.

과육이 거의 없고 흰색 솜 같은 것이 차 있어서 날것으로 먹기는 힘들
지만, 껍질은 매우 향이 좋아서 설탕절임이나 마멀레이드를 만들어
먹는다.

참고로 일본 고치현 시만토강 지역에서 생산되는 「부슈칸(불수감)」은
이름은 같지만 전혀 다른 감귤류이다. 녹색의 동그란 열매를 수확해
신맛이 나는 풍부한 과즙을 짜서, 생선회 등 생선요리에 사용한다. 껍
질도 고명으로 사용한다.

금감

영어이름_ Kumquat
분류_ 운향과
향성분_ 리모넨 / 미르센 등

중국 원산으로 높이가 3m 정도 되는 금감속 늘푸른떨기나무의 열
매. 금귤이라고도 하며, 일본에서는 낑깡이라고 한다. 빽빽하게 난
잔가지 속에 2~3㎝ 정도의 타원형 열매가 달린다. 정원수나 분재로
도 인기가 많다. 영국의 식물 수집가 로버트 포춘이 19세기에 전하
기 전까지는 유럽에 알려지지 않았다. 한국의 남부 지방과 일본의 와
카야마현이나 시코쿠·규슈에서 재배되며, 껍질이 두껍고 단맛이 강
한 영파금감(寧波金柑)을 많이 재배한다. 유럽과 미국에서는 긴 달걀
모양으로 신맛이 강한 마르가리타금감(Fortunella margarita)을 볼
수 있다.

다른 감귤류와 달리 통째로 먹기 때문에 입안에서 껍질에 함유된 향
을 충분히 즐길 수 있다. 일반적으로 껍질은 달지만 과육은 신맛이 강
한데, 나무에서 오랫동안 완숙시켜 당도가 높은 상품도 있다. 생으로
먹거나 설탕절임, 잼, 리큐어 등의 재료로 사용한다.

생약명은 「금귤(金橘)」이며, 영어이름인 「Kumquat」는 「金橘」을 광
둥어로 읽어서 생긴 이름이다. 인후통을 가라앉히고 기침을 멈추게
하는 효능이 있어서, 달여서 감기약으로 사용하기도 한다. 비타민C
외에 B1과 B2가 많아 감귤류 중에서도 영양가가 높은 과일이다.

사과

영어이름_ Apple
분류_ 장미과
향성분_ 아세트산, 헥실 에스터 / 헥산알 등

원산지는 여러 가지 이야기가 있지만 코카서스 지방~서아시아, 중앙 아시아의 산악지대라고 한다. 일본에는 가마쿠라시대에 중국에서 들어왔으며 에도시대에는 재배도 이루어졌다. 품종에 따라 향의 차이가 있으며, 현재 일본에서 유통되는 품종은 30여 종 정도이다. 한국에서는 예로부터 재래종인 능금을 재배하였으며, 고려시대에 쓰여진 『계림유사』에 사과에 대한 최초의 기록이 남아 있다.

사과향은 수확한 뒤 과일에서 분출되는 에틸렌이 증가하면서, 계속 달라진다. 수확하고 2주일 정도 지나면 과일향과 단맛이 증가하고 부드러워서 먹기 좋다.

또한 흔히 이야기하는 「꿀사과」의 맛을 느끼게 하는 것이, 사실은 당도가 아니라 꿀사과가 발산하는 「향」이라는 것이 최근에 밝혀졌다. 실험에 의하면 꿀사과는 꿀이 없는 사과에 비해 과일향이나 꽃향, 달콤한 맛이 느껴져서 선호되는 경향이 있지만, 코를 집게로 집어서 향을 차단하자 그 차이가 느껴지지 않았다고 한다. 꿀부분에 과일다운 향을 느끼게 하는 에스테르류가 많이 모여 있기 때문이다. 일본의 시인이자 가인인 기타하라 하쿠슈는 단가를 통해 사과향을 노래했다.

COLUMN

「향」이 사과 특유의 맛을 결정한다?
장미과의 과일들

사과 특유의 맛을 만드는 것은 「향」이다. 사과, 복숭아, 배를 비교해보면 맛과 관련된 당류나 유기산의 종류에는 큰 차이가 없다. 겉모습이나 식감의 차이가 있기 때문에 이들을 혼동할 일은 없지만, 만약 주스로 만들어서 코를 막고 마시면 어떨까? 이들을 구별하기 어려울 것이다.

장미과의 과일들은 공통적으로 아세트산, 헥실 에스터를 함유한다. 복숭아는 여기에 락톤류 등이 추가되어 「달콤하고 밀키한 향」이 특징이다. 또한 배(일본배)의 경우 푸른잎 알코올과 에스테르, 모노테르펜 등의 「그린향」이 더해진다. 사과는 품종에 따라 다양하지만 일반적으로 아세트산에틸이나 아세트산뷰틸 등의 에스테르나 알코올류, 알데하이드류가 더해져 「가볍고 프루티한 향」이 된다.

향의 차이가 각 과일의 개성을 만드는 것이다.

※ 다나카 후쿠요 『향이 사과의 풍미를 결정한다-향성분 제어기구와 변동사례』 일본조리과학회지 Vol.50, No.4(2017)

모과

영어이름_ Chinese quince
분류_ 장미과
향성분_ 헥사논산에틸 / 푸른잎 알코올 등

중국 원산의 갈잎나무로 가을이면 10~15㎝ 정도 되는 달걀모양의 노란 열매가 달린다. 열매는 생식에는 적합하지 않지만 향이 좋아서 오래전부터 옷에 향을 내거나 실내에서 방향제로 사용하였다. 정원수로도 많이 심어서 가을에 수확한 열매로 겨우내 향을 즐길 수 있다. 식용으로는 과육을 꿀에 재워 정과를 만들거나, 과실주 또는 차를 만들기도 한다. 1㎝ 두께로 둥글게 썰어 1달 정도 꿀 또는 설탕에 절이거나 소주에 담가두면 향과 유효 성분이 배어나온다. 모과는 피로 회복 및 감기 예방에 효과가 있다.

또한 모과와 같은 장미과 식물로 비슷한 모양의 열매가 달리는 마르멜로는, 중앙아시아 원산으로 얇은 솜털로 덮인 열매 껍질에서 꽃 같은 향이 난다. 16세기 연금술사이자 의사였던 노스트라다무스는 마르멜로 열매가 풍미가 매우 좋고, 자양강장 효과가 있으며, 오래 두고 먹는 잼을 만들 수 있다고 마르멜로를 권장했다. 이때 향을 내기 위해서는 특히 껍질 부분이 중요하다고 강조했다.

딸기

영어이름_ Strawberry
분류_ 장미과
향성분_ 뷰티르산에틸 등의 에스테르류 /
　　　　　푸른잎 알코올 / 퓨라네올 / 리날로올 등

기는줄기를 가진 여러해살이풀로 북반구에 20여 종이 분포한다.

딸기는 성모 마리아가 사랑한 과일이라고도 하는데, 유럽에서는 14·15세기경부터 재배 및 식용한 기록이 있지만, 이때의 딸기는 와일드 스트로베리(야생 딸기)로 요즘 딸기와는 다르다. 지금은 다양한 식용 품종이 있는데 원형은 네덜란드 딸기(*Fragaria × ananassa* Duch.)이다. 네덜란드 딸기는 북미 원산의 버지니아 딸기(*Fragaria virginiana*)와 남미의 칠레 딸기(*Fragaria chiloensis*)를 유럽에서 교배시킨 것으로, 베리류 중 가장 많이 보급되었으며 생으로 먹거나 주스 또는 잼으로 가공한다.

딸기의 속명은 「*Fragaria*」인데, 「향기롭다」라는 의미의 라틴어에서 유래된 것이다. 예로부터 향기로운 과일로 알려져 있으며, 프랑스에서는 딸기의 꽃말도 「향기」이다.

그러나 현재 과자 등 많은 가공품에 사용되는 「딸기향」은 과일에서 나오는 천연향료가 아닌 합성향료이다. 생과일 자체의 향은 매우 복잡하고 쉽게 변하기 때문이다.

파인애플

영어이름_ Pineapple

분류_ 파인애플과

향성분_ 2-메틸뷰티르산에틸 등의 에스테르류 /
퓨라네올 등

남아메리카 열대지방 원산의 나무가 아닌 여러해살이풀로, 30~50
㎝ 정도 되는 줄기 위에 열매가 달린다. 현재는 필리핀, 코스타리카,
브라질 등에서 많이 재배된다.

파인애플은 후숙(수확한 뒤에 시간을 두고 숙성시키면 단맛이나 향이 증
가한다)시키는 과일이 아니다. 필리핀산이 많이 유통되는데, 먹기 좋
은 상태로 출하되기 때문에 빨리 먹어야 좋은 향을 즐길 수 있다. 보
관해야 할 경우 향의 밸런스를 유지하기 위해 7℃ 정도에서 보관하
는 것이 좋으며, 온도가 높거나(13.5℃) 낮으면(2℃) 불쾌한 냄새가
증가한다. 또한 같은 파인애플이라도 부위에 따라 풍미가 다른데, 바
닥 부분이 가장 달콤하다.

바나나와 망고 다음으로 가장 많이 재배되는 열대과일로, 생으로 먹
거나 통조림 또는 아이스크림으로도 많이 먹는다. 또한 케찹이나 소
스 등의 조미료를 만들 때도 사용된다. 단백질 분해효소가 함유되어
고기를 부드럽게 만들어주므로, 고기를 밑손질할 때 사용할 수 있다.
단, 가열하면 효소가 작용하지 않는다.

바나나

영어이름_ Banana

분류_ 파초과

향성분_ 아세트산아이소아밀 / 유제놀 등

바나나는 열대아시아 원산으로 지금은 중남미에서 많이 생산된다.
고온 다습한 기후에서 자라는, 높이 3~4m의 여러해살이 식물이다.
열대지방의 중요 작물로 세계에서 가장 많이 먹는 과일 중 하나인데,
현재 130종 정도의 품종이 있으며 바나나를 주식으로 하는 지역도
있다(달지 않은 바나나 종류를 「플랜틴」이라고 부르며 가열해서 먹는다).
우리가 보는 바나나의 대부분은 산지에서 아직 녹색일 때 수확한 뒤
노랗게 후숙시킨 것이다. 완전히 익으면 당도가 20%로 달콤해지고
신맛도 증가한다. 바나나다운 향을 느끼게 하는 아세트산아이소아밀
도 익으면서 증가하고, 유제놀(정향 같은 스파이시한 향)도 증가해 독
특한 풍미가 생긴다. 생식 외에 굽거나 튀기는 등 가열조리해서 먹어
도 맛이 좋다.

바나나잎에도 향이 있고 항균작용이 있기 때문에 산지에서는 다양한
용도로 사용된다. 식재료를 담는 식기, 싸서 들고 다니는 포장재, 싸
서 가열하는 조리도구, 조미료의 역할도 한다.

세이지

영어이름_ Sage
분류_ 꿀풀과
향성분_ 1.8시네올 / 캠퍼 / 보르네올 / 투욘 등

지중해 원산의 높이가 30~75㎝ 정도 되는 식물로, 긴 타원형의 부드러운 잎을 이용한다. 유럽에서는「정원에 세이지가 있는 집에는 환자가 생기지 않는다」라는 말이 있을 정도로 약효가 널리 알려진 허브이다. 속명인「샐비어(Salvia)」는「치료하다, 구하다」라는 뜻의 라틴어에서 유래되었다. 약초로 중시되는 허브로 살균·강장·소화촉진 등의 작용을 한다. 꿀벌이 꿀을 채취하기 위해 많이 찾는 식물이기도 하다. 잎에는 톡 쏘는 향과 쌉쌀한 맛이 있으므로, 먼저 조금씩 사용해보는 것이 좋다. 돼지고기처럼 지방이 많은 고기, 간이나 양고기 등의 독특한 냄새가 있는 고기 등 대부분의 고기요리에 잘 어울리고, 간 고기를 사용하는 소시지나 햄버거스테이크 등을 만들 때도 빼놓을 수 없는 재료이다. 또한 영국 더비셔의 유명한 치즈인 더비 치즈에 세이지를 섞어서 만든 세이지 더비(Sage derby) 치즈는 산뜻한 향과 녹색의 대리석 무늬가 특징이다.

커먼세이지 외에 파인애플세이지, 체리세이지, 화이트세이지 등 여러 가지 종류가 있다.

타임

영어이름_ Thyme
분류_ 꿀풀과
향성분_ 카바크롤 / 티몰

지중해 연안 원산으로 높이가 10~30㎝ 정도 되는 여러해살이풀이다. 변종이 많아 세계적으로 100종 이상이 있는데, 흔히 볼 수 있는 커먼타임은 가는 줄기에 길이 6~7㎜, 너비 2㎜ 정도의 매우 작은 잎이 달린다. 꽃은 흰색, 보라색, 분홍색이 있다. 한국에서는「백리향」, 일본에서는「다치자코소」라고 부르기도 한다. 같은 품종이라도 산지나 기후에 따라 향이 현저하게 다른 종류(Chemotype)도 있다.

타임의 속명인「Thymus」의 어원을 찾아보면「향기를 피우다」라는 뜻에서 유래되었으며, 예전에는 종교적인 장소에서 피우는 향으로 사용되었다고 한다. 또한 항균작용, 방부작용이 매우 뛰어나 약초로도 사용되고 있다. 허브차를 만들어 목이나 입안을 헹구면 감기 예방에 도움이 된다.

타임의 꽃은 꿀벌이 꿀을 따는 채밀화로, 고대 그리스인들은 타임에서 채취한 꿀을 즐겼다고 한다. 또한 고대 로마인들은 치즈의 풍미를 내는 데도 타임을 이용했다.

생선 비린내나 고기냄새를 줄이고 청량한 향을 더해주기 때문에, 스튜나 수프 등의 국물요리, 소고기를 넣은 크로켓 등에 사용하면 좋다. 부케가르니에도 빼놓을 수 없다.

민트

영어이름_ Mint
분류_ 꿀풀과
향성분_ 멘톨 / 멘톤 / 1.8시네올 등

교배하기 쉬워서 종류가 많으며, 세계적으로 500종 이상의 민트 종류가 있다. 잘 알려진 페퍼민트도 워터민트와 스페어민트의 교잡종이다. 그 밖에도 애플민트, 파인애플민트 등이 있다.

예로부터 청량감 있는 향을 이용해왔는데, 고대 로마인들은 민트가 소화에 도움이 된다는 사실을 알고 소스에 사용하거나, 연회 때 민트로 만든 관을 머리에 쓰고 있었다고 한다.

일본 에도시대의 식물도감인 『혼조즈후[本草図譜]』에는 박하 항목에 「메쿠사[目草]」라고 되어 있는데, 눈의 피로완화에 사용되었기 때문이다.

민트티 외에도 초콜릿, 아이스크림, 코코넛 밀크를 사용한 디저트 등에 사용된다. 지중해~중동의 여러 나라에서는 말린 민트를 양고기 요리에 사용하고, 영국에서는 양고기 로스트에 민트소스(비네거나 설탕을 섞는다)를 곁들인다. 또한 페퍼민트의 향은 꽃이 피는 시기를 경계로 변하는데, 일반적으로 꽃이 핀 뒤에는 향이 떨어진다.

레몬밤(멜리사)

영어이름_ Lemon balm(Melissa)
분류_ 꿀풀과
향성분_ 시트랄 / 시트로넬랄

남유럽 원산으로 높이 30~80㎝의 식물이다. 달걀모양 잎에 레몬처럼 달콤하고 상큼한 향이 있어 레몬밤이라고 부른다. 또한 멜리사라고도 부르는데, 고대 그리스에서 꿀벌을 관장하는 님프(요정)의 이름에서 유래된 이름이다. 실제로 멜리사의 꽃에는 꿀벌이 많이 모인다.

중세 독일의 베네딕토회 수녀인 힐데가르트 폰 빙엔은 허브에 관련된 지혜를 많이 남겼는데, 멜리사에 대해서는 「마음을 즐겁게 만드는 허브」라고 했다.

생잎이나 말린 잎을 허브차로 이용하는 방법 외에, 잘게 썰어 드레싱이나 소스에 향을 더하고, 과일 콩포트나 젤리의 토핑으로 올리고, 달걀요리에 섞는 방법도 있다. 맛은 살짝 씁쓸하다.

최근의 연구에서는 레몬밤 추출액에 혈당상승억제 효과가 있는 것으로 밝혀져 주목받고 있다(『레몬밤 추출액의 DPPH 라디칼 포착활성 및 혈압상승 억제효과』).

바질

영어이름_ Basil
분류_ 꿀풀과
향성분_ 에스트라골 / 리날로올

인도 등 아시아 원산의 식물이다. 변종이 많지만 흔히 볼 수 있는 스위트바질은 높이가 20~70㎝ 정도 되는 한해살이풀로, 잎은 끝이 뾰족한 달걀모양이다. 더위에 강해서 여름에 잘 자라고, 스파이시하면서 달콤한 향이 난다. 바질이라는 이름은 「왕」을 뜻하는 그리스어에서 유래되었다. 바실리코라고도 한다.

이탈리아요리에서는 올리브오일과 토마토를 이용한 요리에 많이 사용된다. 제노베제소스는 간 바질과 마늘의 풍미가 특징인 소스이다. 또한 동남아요리에서는 잎이 조금 단단하고 향이 강한 홀리바질을 볶음이나 튀김 요리에 많이 사용한다. 잎이 붉은색인 레드 바질(다크 오팔 바질)도 있다.

바질의 씨는 검은깨를 닮았는데, 바질시드라고 불리며 식품으로 유통된다. 수분을 머금으면 겉이 투명한 젤리 상태가 되는데, 동남아시아에서는 여기에 단맛을 더해 후식으로 먹는다. 또한 일본에서는 에도시대에 바질을 눈의 불순물을 제거하는 데 사용했기 때문에, 눈을 청소하는 도구라는 뜻으로 「메보키[目箒]」라고 부르며 약용식물로 다루었다.

오레가노

영어이름_ Oregano
분류_ 꿀풀과
향성분_ 카바크롤 / 티몰 / 에스트라골 등

지중해 연안 원산으로 높이가 60~90㎝ 정도 되는 식물이다. 「와일드 마조람」이라고 부르기도 한다. 어두운 녹색을 띠고 길이가 1㎝ 정도 되는 달걀모양의 잎은, 매콤한 맛과 톡 쏘는 박하 같은 향이 특징이다. 속명인 「*Origanum*」은 「산의 기쁨」을 뜻하는 그리스어에서 유래되었다.

고대 로마의 미식가 아피키우스의 요리책에서도, 송아지고기볶음이나 붕장어구이의 소스, 혀가자미 오븐요리에 풍미를 더하는 용도로 등장한다.

토마토의 풍미와 잘 어울리기 때문에, 지금은 토마토소스에 넣거나 비프스튜 등의 고기요리에 많이 사용한다. 피자에도 잘 어울려 피자 허브라고 부르기도 한다. 이탈리아요리나 멕시코요리에 많이 사용되며, 항균과 항산화 작용이 있다.

같은 속에 속하는 허브로 스위트 마조람이 있는데, 오레가노보다 달콤한 향이다. 생잎은 샐러드에 올리고, 말린 잎은 수프나 소시지 등에 사용하면 좋다.

파슬리

영어이름_ Parsley
분류_ 미나리과
향성분_ 아피올 / 미리스티신

지중해 원산의 두해살이풀이다. 높이 50~80㎝ 정도로 자라지만 작게 자라는 경우가 많다. 잎이 곱슬곱슬한 컬리 파슬리와 잎이 넓적한 이탈리안 파슬리가 있다.

파슬리의 특징적인 향성분인 아피올(파슬리 캠퍼 또는 파슬리 아피올이라고도 한다)은 쉽게 휘발되지 않아, 먹기 전보다 입에 넣었을 때 풍미가 더 강하게 느껴진다. 영양적으로도 뛰어나서 철분 등의 미네랄이나 비타민A 등을 함유한다. 일본에서는 에도시대에 가이바라 에키켄이 쓴 『야마토혼조[大和本草]』에 「오란다제리(네덜란드 미나리)」로 소개되었는데, 재배하기 시작한 것은 메이지 이후라고 한다.

이탈리아 여배우 소피아 로렌은 1975년에 일본을 방문했을 때 파슬리가 주인공인 파스타소스를 소개했다[*]. 프라이팬에 올리브오일 1/2컵을 넣어 데우고 마늘 4쪽을 굵게 다져서 넣는다. 여기에 파슬리 1줄기를 잘게 다져서 넣고 소금으로 간을 하면, 심플한 소스(4인분)가 완성된다. 파슬리의 신선한 향이 마늘의 강력한 풍미나 올리브오일과 잘 어울리는 소스이다.

* 1975년 5월 20일 아사히신문 조간에서 인용.

타라곤(에스트라곤)

영어이름_ Tarragon
분류_ 국화과
향성분_ 에스트라골 / 사비넨 / 오시멘 등

남유럽 ~ 시베리아 원산의 쑥속 식물이다. 러시아 타라곤과 프렌치 타라곤(프랑스어로는 에스트라곤이라고 부르는데 「작은 용」을 의미하는 라틴어에서 유래된 이름이다)이 있다. 러시아 타라곤은 사비넨이 주성분으로 풀 같은 향이 강한 반면, 프렌치 타라곤은 에스트라골이 주성분으로 아니스 같은 달콤한 향이 있어서 향의 계열이 상당히 다르다. 매운맛과 쓴맛이 조금 있다. 요리에 사용되기 시작한 것은 비교적 늦은 시기로, 중세 이후이다. 일본에는 다이쇼시대에 전해졌다고 한다.

잎은 에스카르고나 야생조류 요리, 오믈렛 등의 달걀요리, 그라탱 등의 크림이 들어간 요리에도 사용되며, 「미식가의 허브」라고도 한다. 스테이크나 생선에 곁들이는 베아르네즈소스와 3~4종의 허브를 섞어놓은 핀 제르브(Fines herbes, 다진 허브)에도 사용된다.

프랑스에서는 가정에서 화이트와인비네거에 타라곤을 넣어 타라곤 비네거를 만드는데, 시판되는 제품도 있다. 마리네이드나 피클을 만들 때 사용한다.

딜

영어이름_ Dill
분류_ 미나리과
향성분_ 펠란드렌(잎) / 카본(씨) / 리모넨 등

인도~서아시아, 남유럽 원산의 높이가 60~150㎝ 정도 되는 한해살이풀이다. 같은 미나리과의 펜넬과 모양이 비슷하다.

기원전 3000년경 메소포타미아의 것으로 알려진 점토판에서, 이미 딜을 사용했던 기록이 확인되었다. 이집트에서도 이용되었고, 고대 그리스와 로마로 전해졌다.

또한 예로부터 소화기계의 진정작용과 장내 가스배출을 촉진시키는 작용이 있는 것으로 알려져 생약으로도 이용되었다. 딜이라는 이름은「진정시키다」라는 뜻이 있는 오래된 스칸디나비아어에서 유래되었다고 한다.

식물 전체에 향이 있으며, 잎은 향이 상쾌하고 부드러워서 수프나 요리에 사용할 수 있다. 해산물, 감자, 치즈, 사워크림 등과 잘 어울리며, 러시아요리에도 많이 쓰인다. 말린 씨는 딜시드라고 불리며, 살짝 자극적인 향이 있는 향신료이다. 호밀빵의 향을 내거나, 와인 비네거에 담가서 피클액으로 사용하기도 한다.

로즈메리

영어이름_ Rosemary
분류_ 꿀풀과
향성분/α피넨 / 1.8시네올 / 캠퍼 등

지중해 원산의 늘푸른떨기나무. 바늘처럼 뾰족한 잎이 달리며, 연보라색이나 푸른색 꽃을 피우는, 건조한 기후를 좋아하는 식물이다. 속명인「Rosmarinus」에는「바다의 이슬」이라는 의미가 있다.「미질향(迷迭香)」이라고도 하며, 일본에서는 항상 잎이 푸르다는 의미로「만넨로[万年蝋]」라고 부른다. 교배가 쉬워서 많은 품종이 있으며, 수직으로 자라는 직립형이나 땅을 기듯이 자라는 포복형과 반포복형 등이 있다.

로즈메리잎의 청량하고 깔끔한 향에는 예로부터 기억력을 높여주는 효능이 있다고 해서, 고대 그리스에서는 학생들이 로즈메리 화환을 머리에 쓰고 공부했다고 한다. 또한 로즈메리는 변치 않는 사랑을 상징하여 결혼식 선물로도 이용되었다. 회춘 허브로도 알려져, 14세기에 노령의 헝가리 왕비 엘리자베스 1세가 로즈메리로 만든 약을 먹고 건강과 젊음을 되찾았다는 이야기도 있다.

잎은 양, 사슴, 돼지 등의 개성이 강한 고기류나 지방이 많은 생선에 잘 어울린다. 냄새를 없애주는 동시에 재료의 풍미를 잘 살려준다. 또한 쿠키, 스콘 등의 구움과자나 포카치아에도 사용된다. 처음에는 적은 양부터 시험해보는 것이 좋다. 파란색~연보라색의 섬세한 꽃은, 설탕절임(p.108)이나 디저트의 토핑으로도 잘 어울린다.

마늘

영어이름_ Garlic
분류_ 백합과
향성분_ 디알릴 디설파이드 등

외떡잎식물인 여러해살이풀. 중앙아시아~남아시아 원산으로 알려져 있지만, 이 지역에서는 야생종을 찾아볼 수 없다. 향신료로는 주로 향이 강한 비늘줄기(구근)가 사용된다. 기원전 1500년 이전에 쓰여진 고대 이집트의 의학서 『에베르스 파피루스(Ebers Papyrus)』의 처방에서도 마늘이 사용되었다. 피라미드를 만드는 노동자들에게도 마늘을 제공했다고 한다.

한국의 단군신화나 일본의 『고지키[古事記]』, 『겐지모노가타리[源氏物語]』 등에도 마늘이 등장한다. 일본의 경우 헤이안시대에는 약으로 사용했는데, 에도시대부터 양념으로 사용하기 시작했다고 한다.

세계의 여러 식문화권에서 음식의 풍미를 내는 중요한 향신료로 마늘을 사용하는데, 구이나 볶음 요리에 넣는 것 외에 갈아서 양념을 만들기도 하고, 스위스에서는 치즈퐁듀를 만들 때도 카클롱(냄비)에 마늘을 문질러 향만 배게 하는 등 다양한 방법으로 사용한다. 다지거나 빻아서 세포가 파괴되면 특유의 향이 난다. 기름으로 가열조리하면 고소한 향을 살릴 수 있다.

면역을 활성화하는 면역부활작용과 항산화작용이 있다. 또한 꽃줄기를 「마늘종」이라고 부르며 채소로 먹는다.

생강

영어이름_ Ginger
분류_ 생강과
향성분_ 진기베렌 / 리날로올 / 게랄니알 / α피넨 등

열대아시아 원산의 여러해살이풀. 뿌리줄기를 향신료로 사용한다. 동양에서 서양으로 전해졌으며, 약용·식용으로 중시되어 왔다. 인도의 전승의학 아유르베다에서는 아그니(소화력)를 높이는 재료로 꼽는다(p.129). 한방에서는 많은 처방에서 날생강 또는 말린 생강을 사용한다. 몸을 따뜻하게 하는 작용이 있다.

한국이나 일본에서는 말리지 않은 날생강을 요리에 많이 사용한다. 여름에는 잎생강을 사용하고, 섬유질이 적은 가을생강은 절임을 만들거나 양념으로 사용한다. 날생강은 상쾌한 감귤류를 연상시키는 향성분(게랄니알)을 함유하고 있다. 또한 단백질을 분해하고 고기를 부드럽게 하는 효과가 있어서, 냄새 제거 및 풍미를 돋우는 효능과 함께 고기를 손질할 때 사용하면 도움이 된다.

일본에서는 에도시대에 추수를 축하하는 날인 핫사쿠(음력 8월 1일)를 쇼가셋쿠[生姜節句, 생강절구]라고 하여, 각지의 신사에서 생강시장이 열렸다고 한다.

유럽과 미국에서는 진저 쿠키나 진저 에일 등으로 단맛과 함께 사용되는 경우도 많다.

카다몬

영어이름_ Cardamon
분류_ 생강과
향성분_ 시네올 / 테르피네올 / 리모넨 등

인도 원산의 여러해살이풀. 뿌리줄기에서 자란 줄기에 연보라색 꽃이 피며, 긴 타원형의 열매를 말려서 향신료로 사용한다. 사프란과 바닐라 다음으로 비싼 향신료 중 하나이다.

겉껍질 속에 검고 작은 씨가 십여 개 정도 들어 있는데, 겉껍질에는 향이 적기 때문에 사용할 때는 겉껍질에 칼집을 내서 씨의 달콤하고 상쾌한 향이 쉽게 배어나오게 한다. 카레의 스타터 향신료(가장 먼저 오일에 향을 옮기기 위해 넣는 향신료)로도 사용되며, 중동에서는 카다몬 커피를 마신다. 소화를 돕는 향신료로도 알려져 있다.

인도에서는 예로부터 약이나 조미료로 사용되었으며, 알렉산더대왕이 유럽에 전파했다고 한다. 북유럽에서도 카다몬을 많이 사용하는데, 북유럽에서 카다몬의 향을 애용하게 된 것은 중세에 바이킹이 터키로 진출했을 때 가져갔기 때문이라고 한다. 북유럽에서는 케이크나 시나몬롤이 아니라 카다몬롤을 즐긴다.

시나몬(계피)

영어이름_ Cinnamon
분류_ 녹나무과
향성분_ 신남알데하이드 / 유제놀 등

남아시아~동남아시아 원산의 늘푸른나무. 아시아의 향신료 중 일찍 지중해 연안에 전해진 것으로, 기원전 6세기에 이미 보급되었다고 한다. 구약성서에도 등장한다.

당나라 승려 간진이 약으로 일본에 들여와, 쇼소인(고대 일본 왕실의 유물창고)에도 보관되었다. 일본어 이름은 닛케이[肉桂]이고 생약명은 게이히[桂皮]이다. 한국에서는 계피, 육계 등으로 부른다.

일본에서는 에도시대에 중국에서 나무를 수입할 수 있게 되어, 따뜻한 곳에서 재배하였다. 예전에는 가느다란 뿌리를 잘라서 묶은 것을 아이들 간식(닛키)으로 주었다고 한다.

요즘은 줄기나 가지의 껍질을 말려서 만 것을 「시나몬스틱」으로 판매하는데, 시나몬향에는 단맛을 강조하는 작용이 있어서 케이크나 쿠키는 물론, 야쓰하시(얇은 찹쌀피에 계피소를 넣은 떡)나 닛키아메(계피사탕) 등의 화과자나 음료에도 사용된다. 사과나 호박과도 궁합이 좋다.

인도에서는 시나몬잎도 향신료로 사용하며, 시나몬과 비슷한 식물로 카시아(Cassia)가 있다.

바닐라

영어이름_ Vanilla
분류_ 난초과
향성분_ 바닐린 등

멕시코 원산의 늘푸른 덩굴식물로, 야생에서는 다른 나무를 감고 올라가 10m 이상 자라기도 한다. 향신료로 사용하는 열매(꼬투리 모양)는 길이가 20㎝ 정도로 바닐라빈이라고 불린다. 현재는 인공꽃가루받이를 통해 주요 생산국인 마다가스카르를 비롯하여 세계 각지에서 재배되고 있다. 스페인의 정복자 코르테스가 아스테카 왕국에서 약탈한 금과 함께 초콜릿, 바닐라 등을 유럽으로 가져오면서, 초콜릿의 인기와 함께 널리 퍼져나갔다.

갓 수확한 바닐라 꼬투리는 초록색을 띠며 향이 없다. 큐어링(몇 달 동안 가열 상태를 유지해 효소의 활성을 높이고, 미생물이 번식하지 않을 정도로 수분을 감소시키는 작업) 과정을 거쳐 바닐라 특유의 달콤한 향을 갖게 된다.

과자 등에 풍미를 더하기 위해 바닐라빈을 사용할 때는, 꼬투리 속의 검은 알갱이를 칼로 필요한 만큼만 긁어내 사용한다. 긁어낸 뒤 남은 꼬투리 자체에도 좋은 향이 있으므로, 설탕과 함께 밀폐용기에 담아 향이 배게 하거나 분쇄하여 사용할 수 있다. 또는 알갱이를 꺼내지 않고 꼬투리째 우유나 크림에 넣어 향이 배어들게 하는 방법도 있다.

스타 아니스(팔각, 대회향)

영어이름_ Star anise
분류_ 목련과
향성분_ 아네톨 / 에스트라골 등

동아시아 원산의 늘푸른떨기나무. 향신료로 사용하는 열매는 꼬투리 8개가 별처럼 붙어 있어서 팔각(八角)이라고도 부른다. 열매가 완전히 익기 전에 채취하여 그대로 건조시킨다. 미나리과 향신료인 아니스와 마찬가지로 아네톨을 함유하고 있어 향이 비슷하기 때문에, 16세기경 유럽에 전해졌을 때 스타 아니스라는 이름이 붙여졌다. 아니스와 혼동하는 경우도 있지만 다른 식물이다. 또한 대회향(大茴香)이라고도 하는데, 회향은 펜넬을 뜻하며 미나리과의 다른 식물이다.

유럽에서는 리큐어 재료로 쓰이는데, 20세기 초 압생트 판매가 금지된 이후 대용으로 등장한 파스티스의 풍미를 내는 주요 재료가 스타 아니스이다. 프랑스의 마르세유가 파스티스 생산지로 유명하다.

중국요리에 거의 빠지지 않는 향신료인데, 둥포러우(동파육) 등 돼지고기나 오리고기 요리에 사용하는 경우가 많다. 오향가루(p.36)에 포함되기도 한다. 소화촉진이나 장속 가스 배출을 촉진시키는 구풍작용이 탁월하다.

정향

영어이름_ Clove
분류_ 도금양과
향성분_ 유제놀 / 카리오필렌 등

몰루카제도 원산으로 높이가 10~15m 정도 되는 늘푸른나무. 현재는 마다가스카르와 잔지바르 등에서 재배된다. 아직 피지 않은 꽃봉오리를 말려서 향신료로 사용하는데, 달콤하고 자극적인 향이 난다. 꽃봉오리가 못처럼 생겼다고 해서「정자(丁字)」라고도 한다. 일본에는 8세기경에 불교와 함께 전해졌는데, 쇼소인(고대 일본 왕실의 유물 창고)에도 보관되어 있다. 밀교(7세기 후반 인도에서 성립한 대승 불교의 한 파)의 절에서는 몸을 정화하기 위해 정향을 입에 넣거나(함향), 소량의 가루를 손에 바른다(도향)고 한다. 일본의 가문을 상징하는 문장(紋章)에도 정향을 모티브로 한 것이 많다. 영어이름 클로브(clove)도 못을 의미하는 프랑스어「clou」에서 유래되었으며, 항균, 진통, 소화기능 촉진 등의 작용이 있어 약으로 사용되어 왔다.

고기의 냄새를 없애주므로, 스튜나 고기 조림, 또는 햄버거 등과 같이 다진 고기로 만든 요리에 많이 사용한다. 자극이 강한 편이므로 처음에는 조금씩 사용하는 것이 좋다. 스파이시할 뿐 아니라 달콤한 향도 있어서, 마살라 차이나 과일 콩포트 등에도 사용한다. 우스터소스의 풍미를 내는 데도 사용된다.

커민

영어이름_ Cumin
분류_ 미나리과
향성분_ 커민알데하이드 / 피넨 등

지중해 동부 원산의 한해살이풀로 높이가 30~60㎝ 정도 된다. 길이 5㎜ 정도의 길쭉한 씨를 향신료로 사용한다.

고대 이집트에서도 사용되어 의학서 『에베르스 파피루스(Ebers Papyrus)』에도 실려 있다. 고대 그리스에서는 식욕증진에 도움이 되는 양념으로, 항상 식탁에 두고 사용했다. 고대 로마의 박물학자 플리니우스는 『박물지』에서 커민을 위에 좋은 약으로 소개했다. 소화촉진 작용이 뛰어난 것으로 알려져 있다.

14세기 말 프랑스의 가정생활을 엿볼 수 있는 책 『르 메나지에 드 파리(Le mesnagier de Paris)』에는 튀긴 닭고기를 잘게 썰고 신맛이 있는 과즙, 생강, 사프란과 함께 커민을 넣은 요리 레시피가 실려 있다.

카레가루에 함유된 여러 향신료 중에서도 커민은 향에 많은 영향을 준다. 소시지, 미트소스 등 다진 고기를 사용한 요리와 크로켓 등의 감자요리에도 잘 어울린다.

고수

영어이름_ Coriander
분류_ 미나리과
향성분_ 카프릴 알데하이드 (잎).
리날로올 / 게라니올 / 피넨 등 (씨)

남유럽 원산으로 높이 60~90㎝의 한해살이풀이다. 이집트 투탕카멘왕의 무덤에서도 발견되어, 기원전 1300년경에는 널리 퍼져 있었음을 알 수 있다. 구약성서에도 등장한다.

잎과 씨의 향이 전혀 다르며 활용법도 다르다. 말린 씨는 코리앤더 시드(고수씨)라고 부르며, 달콤하고 상쾌한 향의 향신료로 약주나 피클액 등에 이용된다. 대부분의 시판 카레가루에도 섞여 있다.

잎에서는 독특한 풀냄새가 나는데, 인도나 동남아 요리에 빠지지 않는 허브이다. 태국에서는 팍치(Phakchi), 중국에서는 샹차이[香菜]라고 부른다. 동남아시아에서는 국물이나 국수에 곁들이는 경우가 많으며, 고추의 매운맛과도 궁합이 좋다.

참고로 태국의 관용구 중 「팍치를 뿌린다」라는 말이 있는데, 이는 「겉만 꾸며서 속인다」라는 의미이다. 일본에서는 90년대부터 고수의 인기가 시작되어, 2010년대에는 고수 풍미의 가공품이 크게 유행했다. 한국에서는 잎에서 빈대 냄새가 난다고 해서 빈대풀이라고 부르기도 한다.

후추

영어이름_ Pepper
분류_ 후추과
향성분_ 리모넨 / 사비넨 / 카리오필렌 등

인도 남부 원산으로 열대아시아로 확산되었다. 고온 다습한 기후에서 자라는 7~8m 길이의 덩굴성 여러해살이 식물이다. 인도에서는 4천 년 이상 전부터 고대에서 중세에 걸쳐 후추무역이 이루어졌는데, 후추는 유럽에서 매우 중요한 향신료였다(p.126).

후추는 요리의 밑손질부터 마무리 간을 할 때까지 사용되는 대표적인 향신료이다. 시판용 후추에는 검은 후추와 흰 후추가 있는데, 사실 이들은 같은 식물에서 채취한 것이다. 검은 후추는 덜 익은 열매를 채취해 쌓아놓고 말려서 만든다. 자극적이면서 향이 좋아 소고기 등에 잘 어울린다. 흰 후추는 완전히 익은 열매를 채취한 뒤 물에 담가 겉껍질을 제거하고 말린 것이다. 유백색으로 섬세한 매운맛이 있어, 생선요리나 크림을 사용한 요리 등에 잘 어울린다.

일본의 에도시대 요리서에도 후추가 등장한다. 『메이한부루이[名飯部類]』(1802)에는 밥에 후추를 갈아서 뿌리고 육수를 부어 먹는 「고쇼메시(후추밥)」 레시피가 실려 있다. 당시 사람들은 후추의 향 자체를 충분히 즐기려고 한 것으로 보인다. 한국의 경우 고려 때 이인로가 지은 『파한집』에 후추가 처음 등장하는데, 송나라와의 교역으로 도입된 것으로 추정한다.

카피르 라임 리프

영어이름_ Kaffir lime leaf/Swangi
분류_ 운향과
향성분_ 시트로넬랄 / 시트로넬롤 / 리날로올 등

열대아시아 원산의 늘푸른나무인 카파르 라임의 잎. 운향과 식물은 열매뿐 아니라 잎에도 향이 있는 것이 많다. 카파르 라임의 잎은 잎과 가지 사이에 있는 익엽이 커서, 허리가 잘록하게 들어간 것처럼 보인다. 월계수잎처럼 단단한 잎에 시트로넬랄이 많이 함유되어 있어, 산뜻한 감귤류향을 수프나 소스 등에 더하기 위해 사용한다. 태국에서는 「바이마끄룻」이라고 부르며, 똠얌꿍이나 똠카가이에 빼놓을 수 없는 재료이다.

해산물의 풍미를 살려주고 버터나 올리브오일과 궁합이 좋아서, 서양요리에도 이용할 수 있다.

열매는 껍질이 단단하고 울퉁불퉁해서, 일본에서는 혹이 있는 귤이라는 뜻으로 「고부미칸[こぶみかん]」이라고 부른다. 과육은 신맛과 쓴맛이 있어 생으로 먹지 않으며, 껍질은 갈아서 사용하기도 한다. 미국 영화 「사랑의 레시피(No Reservations)」에서는 사프란소스의 풍미를 내는 비밀재료로 등장한다.

주니퍼베리

영어이름_ Juniper berry
분류_ 측백나무과
향성분_ α-피넨 / 미르센 / 사비넨 등

주니퍼는 유럽, 아시아 등지에 널리 자생하는 높이 3m 정도의 늘푸른나무이다. 암수딴그루이며 잎은 바늘처럼 생겼는데, 과거 프랑스의 병원에서는 주니퍼의 잔가지와 로즈메리잎을 태워서 공기를 정화시켰다고 한다.

한 그루에 1년 된 어린 열매와 2년 된 검푸른색의 완숙 열매가 함께 달린다. 완숙 열매는 1㎝가 채 되지 않을 정도의 크기로, 이것을 말려서 향신료로 사용한다(주니퍼베리). 바늘잎나무다운 상쾌하고 달콤한 향이 있다.

진(p.73)의 풍미를 내기 위해 사용하거나, 지비에(사냥육)를 비롯한 고기요리, 또는 마리네이드나 사워크라우트 등 비네거를 이용한 요리에도 많이 사용한다.

주니퍼 종류를 한국에서는 「노간주나무」, 일본에서는 「네즈[杜松]」라고 부른다. 생약으로 사용하는 열매는 「두송실(杜松実)」 또는 「두송자(杜松子)」라고 하는데, 물을 넣고 달여서 먹으면 이뇨·발한에 도움이 된다. 생울타리나 분재에도 이용된다.

미나리

영어이름_ Water dropwort
분류_ 미나리과
향성분_ 테르피놀렌 / 피넨 / 미르센 / 캄펜 등

한국, 일본, 중국 대륙, 동남아시아의 물가나 습지에서 자라는 여러해살이풀로 높이는 20~40㎝이다. 중국에서는 기원전부터 채소로 사용되어 『춘추(春秋)』에도 기록이 있다. 한국에서도 옛날부터 미나리를 재배하여 김치 등에 사용했다. 일본의 경우 『만요슈[万葉集]』, 『니혼쇼키[日本書紀]』 등에 실려 있어, 예로부터 친숙한 식물이다. 일본의 명절 중 하나인 1월 7일에 먹는 나나쿠사가유(7가지 나물로 만드는 죽)를 만들 때 빠지지 않는 재료이기도 하다.

봄에 먹는 대표적인 나물인 미나리는 노지에서 자란 것은 2월쯤부터가 제철이다. 잎이 시들지 않고 겨울을 난다. 잎과 줄기에 산뜻한 향이 있으며 식감도 좋다. 일본어로는 세리라고 하는데, 물가에서 「경합하듯이(세리아우)」 난다고 해서 붙여진 이름이라고도 한다.

전골요리나 무침요리, 달걀요리 등에 사용한다. 지나치게 익혀서 향, 식감이 손상되지 않도록 주의한다. 뿌리는 긴피라(뿌리채소를 간장과 맛술로 조린 일본요리)에 사용한다.

카로틴, 비타민C가 풍부하고, 식욕증진, 진통, 이뇨, 발한 등의 작용이 있다. 채취할 때는 독미나리와 혼동하지 않도록 주의한다.

땅두릅

영어이름_ Udo
분류_ 두릅나무과
향성분_ 피넨 / 캠퍼 / 리모넨 / 보르네올 등

아시아 원산의 두릅나무과에 속하는 여러해살이풀로 중국, 한국, 일본의 산과 들에 자생한다. 일본의 경우 헤이안시대의 사전인 『와묘루이주쇼[倭名類聚抄]』 등에도 기재되어 있으며, 재배를 시작한 시기는 확실하지 않으나 에도시대의 농서에 자주 나온다.

줄기가 굵고 높이는 1~1.5m이다. 꽃 외에는 짧은 털이 조금씩 나 있다. 야생종은 재배종과 향이 다른데, 야생종에는 α-피넨(침엽수 같은 향)이 많기 때문이다. 채취는 봄에 잎이 나기 시작할 무렵에 하는 것이 좋으며, 6월 정도면 지나치게 크게 자라 식용하기에 적합하지 않다.

은은한 단맛과 씁쓸한 맛, 상쾌한 향이 있어 사랑받는 산나물이다. 일본에서는 새순의 밑동을 잘라 껍질을 벗기고 식초물에 담가두었다가 초미소무침이나 샐러드로 만들어 먹는다. 또한 껍질도 식초물에 담갔다 물기를 뺀 뒤 긴피라 재료로 사용한다. 잎, 꽃, 꽃봉오리, 어린 열매는 기름에 튀겨서 향을 즐길 수 있다.

한국에서는 바람에 움직이지 않는다는 뜻으로 「독활(獨活)」이라고도 부르며, 어린순은 식용하고 뿌리는 약재로 사용한다. 강장, 해열, 진통 효과가 있다.

머위

영어이름_ Japanese butterbur
분류_ 국화과
향성분_ 1-노넨 / 후키논 등

한국, 일본의 산이나 들, 논밭에서 자생하지만 재배하는 경우도 많다. 속이 빈 잎자루에 타원 모양의 큰 잎이 달린다. 일본에서는 잎자루를 살짝 데쳐 쓰쿠다니(간장, 설탕 등으로 맛을 낸 일본식 조림)를 만들거나, 소금이나 설탕에 절여서 식감을 즐긴다. 한국에서는 쌈, 장아찌, 나물, 국 등으로 다양하게 활용한다. 신선도가 떨어지기 쉬우므로 되도록 빨리 조리하는 것이 좋다.

초봄에는 줄기가 나기 전에 뿌리줄기에서 꽃줄기가 먼저 얼굴을 내미는데, 독특한 향과 쓴맛이 있어서 예로부터 봄을 알리는 귀중한 먹거리가 되었다. 암수딴그루이며, 채취할 때는 꽃이 피지 않고 비늘모양 잎에 싸인 상태로 채취하는 것이 좋다. 달여서 마시면 기침 완화에 효과가 있다. 말려서 보관할 때는 단단한 것을 끓는 물에 몇 분 데친 뒤, 20~30분 정도 물에 담가 떫은맛을 빼고 햇빛에 말린다. 사용할 때는 물에 담가 불린 뒤 끓는 물에 데치면 냄새가 나지 않는다.

일본 홋카이도, 도호쿠 지방에서는 크기가 큰 머위 종류인 「아키타부키[秋田蕗]」가 자라는데, 아이누족 전설에 의하면 머위 아래에 고로봇쿠루라고 부르는 난쟁이가 산다고 한다.

파드득나물

영어이름_ Japanese hornworty
분류_ 미나리과
향성분_ 미르센 / 피넨 등

한국, 일본, 중국 등지의 산이나 들에 자생하는 여러해살이풀이다. 높이는 30~50㎝이고, 잎은 달걀모양으로 끝이 뾰족하다. 한국에서는 반디나물, 일본에서는 재패니즈 파슬리라고도 부른다. 비타민A와 칼슘, 칼륨 등의 미네랄이 풍부하다.

자생하는 파드득나물은 향이 좋으며, 일본에서는 에도시대부터 재배도 이루어졌다. 가이바라 에키겐(에도시대의 생약학자)이 쓴 「사이후[菜譜]」에는 「미쓰바제리(잎이 3갈래인 미나리)」라는 이름으로 나와 있는데, 미나리와 비슷한 것으로 알려져 예전에는 많이 먹지 않았다고 한다. 현재는 잎자루의 식감과 잎의 향을 즐기는데, 국, 덮밥, 조니(떡국), 달걀찜 등에 곁들이거나 나물, 튀김, 전골에도 사용한다. 한국에서도 봄에 어린잎과 줄기를 끓는 물에 데쳐서 나물로 무쳐 먹거나, 겉절이를 만들어 먹는다

시판되는 것으로 향이 섬세한 실파드득나물, 식감이 좋고 향이 강한 뿌리파드득나물, 절단파드득나물 등이 있다. 건조에 약하므로 냉장보관한 것은 요리하기 전에 뿌리를 물에 담가두면 식감이 좋아진다.

양하

영어이름_ Mioga gingier
분류_ 생강과
향성분_ α 피넨 / β 피넨 / 피라진류 등

열대아시아 원산의 생강과에 속하는 여러해살이풀로 숲의 지표면에서 자란다. 중국에서는 오래전부터 사용되어, 6세기에 간행된 중국에 현존하는 가장 오래된 종합 농업기술서인 『제민요술(『齊民要術』)』에 재배방법과 소금이나 독한 술을 이용해 절이는 방법 등이 기록되어 있는데, 최근에는 많이 사용하지 않는다고 한다.

한국에서는 아직 생소한 식재료이지만, 일본의 경우 고급 향신채소로 다양하게 활용한다. 혼슈~오키나와의 온난한 지역에서 자라며 재배도 한다. 땅속줄기에서 나온 5~6㎝의 꽃받침과 꽃봉오리 부분을 꽃이 피기 전에 채취하는데, 일본어로는 「묘가」 또는 「묘가노코」라고 부른다. 더울 때는 식욕을 돋우는 양념으로 이용한다. 양하잎에도 상쾌한 향이 있어서 쌀이나 떡을 싸서 가열하는 등 다양하게 활용된다.

일본을 소개한 중국의 『위지왜인전(魏志倭人伝)』에도 양하에 대해 기재되어 있는데, 이때는 식재료로 많이 사용하지 않았다고 한다. 에도시대의 요리서 『료리모노가타리[料理物語]』에는 양하를 국의 건더기, 초무침(나마스), 초밥, 절임으로 사용하면 좋다고 되어 있다.

「양하를 지나치게 많이 먹으면 건망증이 생긴다」라는 속설도 있다.

차즈기

영어이름_ Perilla/Shiso
분류_ 꿀풀과
향성분_ 페릴알데하이드 / 리모넨 등

아시아 온대 지역에 널리 자생하는, 높이 80㎝ 정도의 한해살이풀. 재배종으로는 차즈기(자소엽), 청소엽, 치리멘시소 등이 있다. 일본에서 많이 사용하는 향신채소로, 싹, 잎, 이삭, 열매 등 각 부위를 요리에 사용한다. 차즈기 잎은 여름, 차즈기 열매는 가을에 채취한다.

청소엽은 방부·항균 작용이 있어서 회를 먹을 때 곁들이는 경우가 많다. 양념 외에 조림이나 튀김, 또는 다져서 드레싱이나 소스의 풍미를 내는 데도 사용된다. 안토시아닌을 함유한 차즈기(자소엽)는 우메보시(일본식 매실장아찌)의 색깔과 향을 내는 데 사용된다. 잎을 달여서 마시면 위가 튼튼해지고, 식욕증진, 기침 완화, 해독 등에 도움이 된다.

처음 일본에 전해진 것은 같은 꿀풀과의 들깨였다고 한다. 차즈기와 다른 향을 가진 들깨는 씨에서 기름을 추출해 등화용으로 사용되었는데, 최근에는 들깨기름에 α-리놀렌산이 풍부하다고 알려져 식용으로 주목받고 있다. 이후 변종인 차즈기가 전해지면서 독특한 향으로 널리 사용되고 있다.

초피

영어이름_ Sansho
분류_ 운향과
향성분_ 시네올 / 리모넨 / β-펠란드렌 등 (열매).
α-피넨 / β-피넨 / 캄펜 / 사비넨 등 (잎)

한국, 일본, 중국의 산지에 자생하는 갈잎떨기나무이다. 일본에서는 선사시대의 조개더미(패총)에서도 발견되었다. 일본어로 초피를 산사이, 산쇼, 기노메라고 부르는데, 옛 이름은 「하지카미[はじかみ]」이다. 하지는 터진다는 의미로 가을에 열매껍질이 터지는 데서 유래되었고, 카미는 부추를 의미하는 카미라에서 유래된 것으로 보인다.

일본에서는 이른 봄에는 어린잎, 봄에는 꽃, 초여름에는 덜 익은 열매, 가을에는 익은 열매의 껍질(초피가루)을 각각 요리의 향을 더하는데 사용한다. 잎이 자라면서 향도 서서히 변한다(p.38).

지역에 따라서는 나무껍질도 먹는데, 떫은맛을 제거한 뒤 가늘게 썰어 쓰쿠다니(간장, 설탕 등으로 맛을 낸 일본식 조림)를 만들면, 자극적인 맛이 술안주로 잘 어울린다. 위를 튼튼하게 하고 장을 깨끗하게 하는 작용이 있어서, 설날에 마시는 도소(아래 참조)에도 초피가루를 사용한다.

중국 초피인 화자오는 마파두부에 빠지지 않는 재료이다. 또한 한국의 경상도 지방에서는 초피나무 열매의 껍질을 「제피」라고 부르는데, 제피를 갈아 「추어탕」에 넣어 미꾸라지 비린내를 없앴다. 산초나무와 비슷하지만 산초나무는 가시가 어긋나며 작은잎에 잔톱니가 있고 투명한 점이 있다.

운향과에 속하며 호랑나비가 알을 낳기 위해 찾아오기 때문에 애벌레가 자라기도 한다.

COLUMN

새해 건강을 기원하는 「도소」의 향

나쁜 기운을 없애고 몸과 마음을 북돋워주는 약주인 도소(屠蘇)를 마시는 풍습은 중국에서 시작되었는데, 일본으로 전해져 새해의 건강과 복을 기원하기 위해 설날 아침에 마시는 술로 자리를 잡았다.

도소는 「도소산」을 청주나 맛술에 하룻밤 담가서 만드는데, 도소산에는 여러 가지 식물이 포함된다. 도소산은 중국 삼국시대의 전설적인 명의인 화타의 처방이라는 이야기도 있다.

· 초피
· 육계(시나몬)
· 길경(도라지 뿌리)

· 방풍(미나리과 방풍의 뿌리)
· 백출(국화과 백출의 뿌리줄기)
· 진피(귤껍질) 등

초피, 육계, 귤껍질 등 친숙한 향 재료도 포함되어 있다. 여기에 함유된 성분을 알코올에 옮겨 소량 섭취하면, 위장의 기능이 좋아지고 몸이 따뜻해지는 등 건강에 도움이 된다. 일본에서는 연말이면 약국 등에서 도소산을 판매한다.

새해 첫날을 맞아 새로운 기분으로 도소주를 마시며 한 해의 건강을 기원하는 것이다.

달래

영어이름_ Wild rocambole
분류_ 백합과
향성분_ 알리신 등

부추속에 속하며 한국, 일본의 산이나 들, 또는 마을 근처의 제방 등에서 자생하는 여러해살이풀이다. 높이가 30~80㎝ 이상 되며, 전체에 향이 있다. 늦가을에 싹을 틔워 가늘고 긴 잎이 자라는데, 봄에 캐면 지름 1~2㎝ 정도의 희고 동그란 비늘줄기(알뿌리)를 볼 수 있다. 향이 강한 비늘줄기와 어린잎을 먹는다.

일본에서는 달래를 「노비루[野蒜]」라고 하는데, 히루[蒜]는 파나 마늘의 옛 이름이다. 『만요슈[万葉集]』시대에도 이미 식용한 야생초로, 비늘줄기 부분을 채취해 흙을 털고 얇은 껍질을 벗긴 뒤 씻어서 초미소된장 등으로 무쳐 강한 향과 매운맛을 즐긴다. 그 밖에도, 국 건더기, 튀김, 버터볶음 등으로 먹는다. 잎부분은 다져서 양념을 만들거나 나물, 볶음 등에 사용한다. 영양이 풍부하고 강장작용이 있으며, 위 건강과 정장, 기침 완화에도 도움이 된다. 또한 검게 탈 정도로 구워서 먹으면 편도선염에 좋다. 여름이 시작할 때쯤 생기는 「주아」도 튀김 등으로 먹는다.

한국에서 달래는 냉이와 함께 봄을 알려주는 대표적인 봄나물이다. 야생 달래를 채취할 경우 독을 가진 수선화나 석산과 헷갈리지 않도록 주의해야 한다.

쑥

영어이름_ Mugwort
분류_ 국화과
향성분_ 시네올 / 카리오필렌 등

쑥은 국화과에 속하는 여러해살이풀로 한국, 일본, 중국에 분포한다. 땅속줄기로 번식하며 높이는 50㎝ 이상이다.

일본에서는 민간에서 약으로 많이 사용되는데, 따뜻한 물에 말린 쑥을 넣고 목욕을 하면 어깨 결림이나 류머티즘에 좋다고 한다. 또한 단고노 셋쿠(단오절)에는 나쁜 기운을 물리치기 위해 쑥과 창포를 넣은 물로 목욕을 한다.

풀 전체에 향이 있으며 녹색이 선명하여 예로부터 식용으로 사용되었다. 에도시대의 백과사전인 『와칸산사이즈에[和漢三才図会]』에는 떡이나 면에 섞어서 먹는 조리법이 기록되어 있다.

어린잎을 데쳐 무침, 마제고한(비빔밥) 등에 사용한다. 구사모치(쑥떡)는 이른 봄에 새순과 어린잎을 따서 살짝 데쳐 으깨서 만든다. 양이 많을 때는 데친 뒤 조금씩 나눠서 냉동해두면 사용하기 편하다.

튀김, 국물요리, 참깨무침, 호두무침 등을 만들 때는 쑥을 살짝 데쳐서 물에 담가 떫은맛을 제거한 뒤 사용한다.

오키나와에서는 쑥을 「후치바」라고 부르며, 고기·생선의 냄새를 없앨 때 사용하거나 향미채소로 소바, 죽 등에 사용한다.

한국에서는 쑥을 음식이나 약재로 사용하는 것 외에, 시골에서 여름에 모기를 쫓기 위한 모깃불로 사용하기도 한다.

크레송

영어이름_ Warter-cress
분류_ 십자화과
향성분_ 3-페닐프로피오니트릴

겨자과에 속하는 높이 20~70㎝ 정도의 여러해살이풀. 초여름에 흰색 꽃이 핀다. 유럽과 아시아 북부 원산으로 깨끗한 물에서 자란다. 번식력이 뛰어나고 추위에 강하며, 산간 지역의 물가에서도 볼 수 있다.

와사비와 같은 매운맛 성분과 시원한 향이 특징이며, 카로틴 등의 비타민류, 칼슘, 칼륨, 철분 등의 미네랄이 풍부하다.

메이지시대에 원예학자인 후쿠바 하야토가 프랑스에서 일본으로 전파했다고 하는데, 에도시대에 이미 들어왔다는 이야기도 있다. 영어 이름은 워터크레스(Watercress)지만, 프랑스어 이름인 크레송으로 더 많이 알려져 있다. 일본에서는 「오란다가라시(네덜란드 고추냉이)」, 「타이완제리(대만 미나리)」라고 부르기도 한다. 한국의 경우 냉이잎을 닮았다고 해서 물냉이라고 부른다.

스테이크 등 고기요리에 곁들이거나 샐러드, 나물, 수프, 소스, 국물요리에 사용된다. 보관할 때는 뿌리를 물에 꽂고 비닐봉투로 싸서 냉장고에 넣으면 신선도를 유지할 수 있다.

자생하는 것 외에 일본의 야마나시현 미나미쓰루군의 도시무라가 크레송 재배로 유명하다. 현지에서는 크레송을 넣은 파스타나 케이크 등, 풍미를 살린 상품을 개발하고 있다.

약모밀

영어이름_ Fish mint
분류_ 삼백초과
향성분_ 데카노일 아세트 알데하이드 /
라우릴알데하이드

동아시아와 동남아시아에 분포하는 높이 15~40㎝ 정도의 여러해살이풀로, 번식력이 뛰어나고 응달진 숲속에서 자란다. 잎은 하트모양이며 꽃은 홑겹 외에 겹꽃도 있다.

전체에 독특한 향이 있으며, 이 향에 함유된 성분인 데카노일 아세트 알데하이드에는 강한 항균효과가 있다.

베트남에서는 민트나 바질 등과 함께 약모밀잎을 샐러드나 반쎄오(얇은 쌀가루 반죽에 채소, 고기 등을 넣고 접어서 먹는 베트남식 부침개) 등의 요리에 곁들여 먹는다. 최근에는 프렌치요리에도 사용되고 있다.

뿌리 부분도 먹을 수 있으며 단맛과 쓴맛, 독특한 향이 있다. 중국에서는 「저얼건[折耳根]」이라 부르며, 구이저성에서는 고추를 넣은 볶음요리나 볶음밥 등에 사용한다.

말리면 독특한 향이 옅어지며, 초여름에 꽃이 필 때쯤 땅 위로 나와 있는 부분을 채취해 말린 뒤 달여서 마시면 이뇨, 변비 완화, 고혈압 예방에 도움이 된다. 일본에서는 「도쿠다미[どくだみ]」라고 부르는데, 독을 배출하는 묘약이라는 뜻의 「도쿠쿠다시노묘야쿠[毒下しの妙薬]」를 줄여서 만든 이름이라고 한다.

한국에서는 「어성초(魚腥草)」라고도 부르는데, 잎에서 비린내가 난다고 해서 붙여진 이름이다. 생약명은 십약(十藥)이다.

송이버섯

영어이름_ Matsutake fungs

분류_ 송이과

향성분_ 1-옥텐-3-올(송이 알코올) /
계피산메틸 등

소나무와 공생하는 송이균의 자실체. 세계의 소나무숲에서 생산되지만 주로 한국과 일본에서 귀한 버섯으로 취급한다. 육질이 치밀하고 향이 좋다. 일본의 『만요슈』에 「향을 읊다[芳をよめる]」라는 설명이 달린 시가 있는데, 이 시에서 노래하는 대상이 송이버섯이라고 한다. 맛이나 영양소보다는 주로 향 자체를 즐기는 것을 목적으로 요리한다. 일본 에도시대의 요리서 『료리모노가타리[料理物語]』(1643)에는 묵은 술에 송이버섯을 넣고 끓이다가, 알코올이 날아갔을 때쯤 다시를 붓고 간장을 넣어 한 번 더 끓인 뒤, 둥글게 썬 유자를 위에 띄우는 조리방법이 실려 있다. 당시에도 가을의 향을 즐겼던 것이다. 그 밖에 석쇠구이, 도빙무시(질주전자에 여러 가지 재료와 다시를 넣고 익힌 요리), 국, 송이밥 등이 있다.

한국의 송이는 품질이 뛰어나 일본으로 많이 수출되며, 일부는 냉동 또는 통조림 등으로 저장하여 이용한다.

최근에는 숲에서 송이버섯을 찾기가 힘들어졌다고 한다. 송이는 잎이나 마른 나뭇가지가 적은 메마른 땅에서 잘 나는데, 생활의 변화로 사람들이 숲에서 마른 나뭇가지 등을 모으지 않게 된 것이 원인이다.

트러플

영어이름_ Truffle

분류_ 서양송로과

향성분_ 디메틸설파이드 / 아세트 알데하이드(블랙).
2, 4-디티아펜테인(화이트)

서양송로라고도 한다. 졸참나무, 개암나무, 호두나무, 모밀잣밤나무와 공생하는 균류의 자실체로 손바닥에 올릴 수 있을 정도의 덩어리이다. 같은 속에 속하는 60여 종이 세계적으로 널리 분포하고 있는데, 서양요리에서 고급 식재료로 사용하는 종류는 북아프리카~유럽에서 자생하는 블랙트러플과 화이트트러플 등이다. 자실체는 땅속에 있어 찾기 어렵기 때문에, 훈련된 암퇘지나 개를 산에 데려가 향으로 찾아낸다.

블랙트러플 산지로는 프랑스 페리고르 지방이나 프로방스 등이 유명하고, 화이트트러플은 이탈리아 피에몬테 지방이 유명하다.

블랙트러플은 디메틸설파이드(바다향)와 아세트 알데하이드, 에탄올, 아세톤 등이 함유되어 복잡한 향이 있으며, 고기요리의 악센트로 많이 사용한다.

화이트트러플에는 2, 4-디티아펜테인(마늘냄새)을 비롯한 유황화합물이 많이 함유되어 있으며, 날것을 얇게 슬라이스해 달걀요리, 리소토, 파스타 등에 사용한다.

참고문헌

〈PART 1〉
アニック ル・ゲレ「匂いの魔力　香りと臭いの文化誌」工作舎（2000）
山梨浩利「コーヒー挽き豆の煎りたて風味の変化と滴定酸度の関係」日本食品工業学会誌 第39巻第7号（1992）
小竹佐知子「食品咀嚼中の香気フレーバーリリース研究の基礎とその測定実例の紹介」日本調理科学会Vol.41、No.2,(2008)
平澤佑啓・東原和成「嗅覚と化学：匂いという感性」化学と教育、65巻10号（2017年）
佐藤成見「嗅覚受容体遺伝子多型とにおい感覚」におい・かおり環境学会誌46巻4号、平成27年
Julie A. Mennellaほか「Prenatal and Postnatal Flavor Learning by Human Infants」PEDIATRICS　Vol.107　No.6（2001）
坂井信之「味覚嫌悪学習とその脳メカニズム」動物心理学研究、第50巻 第1号
平山令明『「香り」の科学』講談社（2017）
森 憲作「脳のなかの匂い地図」PHP研究所(2010)
東原和成「香りとおいしさ：食品科学のなかの嗅覚研究」化学と生物Vol. 45, No. 8,（2007）

〈PART 2〉
城斗志夫ほか「キノコの香気とその生合成に関わる酵素」におい・かおり環境学会誌44巻5号（2013）
佐藤幸子ほか「タイム（Thymus vulgalis L.）生葉の保存方法による香気成分の変化」日本調理科学会誌Vol. 42，No. 3（2009）
中野典子・丸山良子「わさびの辛味成分と調理」椙山女学園大学研究論集、第30号（自然科学篇）（1999）
佐藤幸子・数野千恵子「調理に使用するローレルの形状による香気成分」日本調理科学会大会研究発表要旨集、平成30年度大会
畑中顯「進化する“みどりの香り”」フレグランスジャーナル社（2008）
数野千恵子ほか「山椒（Zanthoxylum piperitum DC.）の成長過程及び機械的刺激による香気成分の変化」実践女子大学生活科学部紀要第47号（2010）
ジョナサン・ドイッチュ『バーベキューの歴史』原書房(2018)
臼井照幸「食品のメイラード反応」日本食生活学会誌、第26巻第1号（2015）
玉木雅子・鵜飼光子「長時間炒めたタマネギの味、香り、遊離糖、色の変化」日本家政学会誌 Vol . 54 、No .1(2003)
小林彰夫・久保田紀久枝「調理と加熱香気」調理科学Vol.22 No.3（1989）
早瀬文孝ほか「調味液の加熱香気成分とコク寄与成分の解析」日本食品科学工学会誌第60巻第2号（2013）
周蘭西「メイラード反応によってアミノ酸やペプチドから生成する香気成分の生理作用」北里大学（2017）
笹木哲也ほか「金沢の伝統食品『棒茶』の香気成分」におい・かおり環境学会誌　46巻2号（2015）

〈PART 3〉
伏木享「油脂とおいしさ」化学と生物Vol.45、No.7,（2007）
伏木享「おいしさの構成要素とメカニズム」栄養学雑誌 Vol.61 No.11 ～ 7（2003）
Elisabeth Rozin『Ethnic Cuisine』Penguin Books（1992）
ルート・フォン・ブラウンシュヴァイク『アロマテラピーのベースオイル』フレグランスジャーナル社（2000）
戸谷洋一郎・原節子（編）『油脂の化学』朝倉書店（2015）
「香料（特集号　果物の香り）」No264（2014）
武田珠美、福田靖子「世界におけるゴマ食文化」日本調理科学会誌29巻4号（1996）
有岡利幸『つばき油の文化史―暮らしに溶け込む椿の姿―』雄山閣（2014/12）（2014）

馬場きみ江「アシタバに関する研究」大阪薬科大学紀要Vol. 7（2013）
パトリック・E・マクガヴァン『酒の起源』白揚社（2018）
長谷川香料株式会社『香料の科学』講談社（2013）
井上重治『微生物と香り』フレグランスジャーナル社（2002）
ヒロ・ヒライ『蒸留術とイスラム錬金術』（kindle版）
米元俊一「世界の蒸留器と本格焼酎蒸留器の伝播について」別府大学紀要第58号（2017）
中谷延二「香辛料に含まれる機能成分の食品化学的研究」日本栄養・食糧学会誌第56巻第6号（2003）
吉澤 淑 編『酒の科学』朝倉書店（1995）
長尾公明「調理用・調味用としてのワイン」日本調理科学会誌、Vol. 47、No. 3（2014）

山田巳喜男「酢酸発酵から生まれる食酢」日本醸造協会誌、102巻2号（2007）
パトリック・ファース『古代ローマの食卓』東洋書林(2007)
小崎道雄、飯野久和、溝口智奈弥「フィリピンのヤシ酢における乳酸菌」日本乳酸菌学会誌、Vol.8、No.2（1998）
「ハーブの香味成分が合わせ酢の食味に及ぼす影響について」
デイヴ・デ・ウィット『ルネサンス料理の饗宴』原書房(2009)
外内尚人「酢酸菌利用の歴史と食文化」日本乳酸菌学会誌26巻1号（2015）

ダン・ジュラフスキー『ペルシア王は天ぷらがお好き？　味と語源でたどる食の人類史』早川書房（2015）
蓬田勝之『薔薇のパルファム』求龍堂（2005）
小柳康子「イギリスの料理書の歴史（２）－Hannah Woolleyとイギリス近代初期の料理書における薔薇水」實踐英文学62号（2010）
井上重治、高橋美貴、安部茂「日本産芳香性ハーブの新規なハーブウォーター（芳香蒸留水）のカンジダ菌糸形発現阻害と増殖阻害活性」Medical Mycology Journal　53巻1号（2012）
髙橋拓児「料理人からみる和食の魅力」日本食生活学会誌　第27巻第4号（2017）
伏木享『人間は脳で食べている』筑摩書房（2005）
森滝望、井上和生、山崎英恵「出汁がヒトの自律神経活動および精神疲労に及ぼす影響」日本栄養・食糧学会誌、第71巻、第3号（2018）
山崎英恵「出汁のおいしさに迫る」化学と教育、63巻2号（2015）
斉藤司「かつおだしの嗜好性に寄与する香気成分の研究」日本醸造協会誌110(11)
折居千賀「菌がつくるお茶の科学」生物工学会誌88(9)、（2010）
菊池和男『中国茶入門』講談社（1998）
吉田よし子『おいしい花』八坂書房（1997）

井上重治、高橋美貴、安部茂「日本産弱芳香性ハーブの新規なハーブウォーター（芳香蒸留水）のカンジダ菌糸形発現疎外と増殖阻害活性」Medical Mycology Journal 第53号第1号（2012）
髙橋拓児「料理人から見る和食の魅力」日本食生活学会誌、第27巻、第4号（2017）
森滝望、井上和生、山崎英恵「出汁がヒトの自律神経活動および精神疲労に及ぼす影響」日本栄養・食糧学会誌、第71巻、第3号（2018）

橋本壽夫、村上正祥『塩の科学』朝倉書店（2003）
佐々木公子ほか「香辛料の塩味への影響および減塩食への応用の可能性」美作大学・美作大学短期大学部紀要 Vol.63（2018）
浜島教子「基本的４味の相互作用」調理科学Vol.8 No.3(1975)
角谷雄哉ほか「呼吸と連動した醤油の匂い提示による塩味増強効果」日本バーチャルリアリティ学会論文誌Vol 24、No1,（2019）
村上正祥「藻塩焼きの科学（１）」日本海水学会誌第45巻第1号(1991)
「相知高菜漬の製造過程における微生物と香気成分の変化」
宮尾茂雄「微生物と漬物」モダンメディア61巻11号（2015）

石井克枝・坂井里美「スパイスの各種調理における甘味の増強効果」一般社団法人日本家政学会研究発表
要旨集 57(0),（2005）
佐々木公子ほか「香辛料の食品成分が味覚に及ぼす影響について」美作大学・美作大学短期大学部紀要
Joanne Hort・Tracey Ann Hollowood「Controlled continuous flow delivery system for investigating taste-aroma interactions」Journal of Agricultural and Food Chemistry, 52、15（2004）
日高秀昌、斎藤祥治、岸原士郎（編）『砂糖の事典』東京堂出版（2009）
大倉洋代「南西諸島産黒糖の製造と品質」日本食生活学会誌Vol.11、No.3(2000)
吉川研一「21世紀を指向する学問 非線形ダイナミクス」表面科学Vo1.17、No.6（1996）
中村純「ミツバチがつくるハチミツ」化学と教育61巻8号（2013）
ハロルド・マギー『マギー・キッチン・サイエンス』共立出版（2008）
久保良平・小野正人「固相マイクロ抽出法を用いたハチミツ香気成分の分析法」玉川大学農学部研究教育紀要、第3号（2018）

〈PART 4〉
有岡利幸『香りある樹木と日本人』雄山閣(2018)
舘野美鈴・大久保洋子「葉利用菓子の食文化研究」実践女子大学生活科学部紀要、第49号（2012）
『精選版 日本国語大辞典』小学館（2006）
高尾佳史「樽酒が食品由来の油脂や旨味に及ぼす影響」日本醸造協会誌、第110巻、第６号
池井晴美ほか「Effects of olfactorystimulation by α-pinene onautonomic nervous activity
（α-ピネンの嗅覚刺激が自律神経活動に及ぼす影響）Journal of Wood Science、62(6)（2016）
後藤奈美「ワインの香りの評価用語」におい・かおり環境学会誌、44巻6号（2013）
加藤寛之「ワイン中のTCAが香りに及ぼす作用と仕組み」日本醸造協会誌109巻6号（2014）
但馬良一「コルクからのカビ臭原因物質（ハロアニソール）除去技術」日本醸造協会誌107巻3号(2012)
仁井晧迪ほか「クロモジ果実の成分について」日本農芸化学会誌Vol. 57, No. 2（1983）
エディット・ユイグほか『スパイスが変えた世界史』新評論(1998)
北山晴一『世界の食文化 フランス』農山漁村文化協会(2008)
アンドリュー ドルビー『スパイスの人類史』原書房(2004)
松本孝徳・持田明子「17－18世紀フランスにおける料理書出版の増加と上流階級との関係」九州産業大学国際文化学部紀要、第32号(2006)
マグロンヌ・トゥーサン＝サマ『フランス料理の歴史』原書房(2011)
吉野正敏「季節感・季節観と季節学の歴史」地球環境Vol.17、No.1（2012）
ゴードン・M・シェファード『美味しさの脳科学』インターシフト（2014）
宇都宮仁フレーバーホイール 専門パネルによる官能特性表現」化学と生物 Vol. 50, No. 12,（2012）
福島宙輝「味覚表象構成論の記号論的背景（序）」九州女子大学紀要、第55巻1号
谷口忠大ほか「記号創発ロボティクスとマルチモーダルセマンティックインタラクション」人工知能学会全国大会論文、第25回全国大会(2011)
Ramachandran, V. and E.M. Hubbard,「Synaesthesia – A window into perception, thought and language」Journal ofConsciousness Studies, 8，No.12(2001)
荒牧英治ほか「無意味スケッチ図形を命名する」人工知能学会 インタラクティブ情報アクセスと可視化マイニング研究会(第5回)SIG-AM-05-08
チャールズ・スペンス『おいしさの錯覚』KADOKAWA（2018）
J.アディソン『花を愉しむ事典』八坂書房（2002）
植物文化研究会・編、木村陽一郎・監修『花と樹の事典』柏書房（2005）
鈴木隆「においとことば—分類と表現をめぐって—」におい・かおり環境学会誌44巻６号 （2013）
ジェイミー・グッド『新しいワインの科学』河出書房新社(2014)

〈PART 5〉
公益社団法人日本アロマ環境協会『アロマテラピー検定公式テキスト』世界文化社（2019）
ボブ・ホルムズ『風味は不思議』原書房（2018）
南部愛子ほか、「視覚の影響を利用した嗅覚ディスプレイの研究」映像情報メディア学会技術報告/32.22 巻（2008）
小林剛史「においの知覚と順応・慣化過程に及ぼす認知的要因の効果に関する研究の動向」文京学院大学研究紀要Vol.7, No.1,（2005）
Mika Fukadaほ か「Effect of "rose essential oil" inhalation on stress-induced skin-barrier disruption in rats and humans.」Chemical Senses,Vol. 37(4)（2012）
小川孔輔『マーケティング入門』日本経済新聞出版社（2009）
マイケル・R・ソロモン（松井剛ほか監・訳）『ソロモンの消費者行動論（上）』丸善出版（2015）
マーチン・リンストローム『五感刺激のブランド戦略』ダイヤモンド社（2005）
Teresa M. Amabile「The Social Psychology of Creativity:A Componential Conceptualization」Journal of Personality and Social Psychology, Vol. 45, No. 2,（1983）
西村佑子『不思議な薬草箱』山と渓谷社(2014)

지은이 **Mana Ichimura**

Office Saijiki의 대표. 식물의 향과 작용, 상징성을 살려서 창조력을 높이기 위한 연구와 실천을 하고 있다. 여행, 독서, 다도가 취미이다. 공익사단법인 일본아로마환경협회 인정 아로마테라피스트이며, 경영관리 석사, 인정심리사, 케이스라이팅(Case-writing) 부회 회원이다. 현재 쇼비가쿠엔 대학 시간강사로 활동 중이다. 저서로 『아로마 테라피를 즐기는 생활』, 『아로마 테라피 입문서』가 있다.

레시피 **Wataru Yokota**

~food&design~ CONVEY의 셰프이자 푸드디렉터. 요리를 좋아했던 할머니의 영향으로 어린 시절부터 요리를 했다. 조리사 전문학교를 졸업한 뒤, 프랑스, 일본, 미국에서 다양한 스타일의 요리를 배웠다. 현재는 레스토랑을 운영하지 않고 프라이빗 셰프로 일하거나, 국내외 레스토랑의 푸드 컨설팅, 미디어 및 각종 이벤트의 요리제작에 참여하고 있다. 저서로 『역시 고기요리』, 『남자의 주방, 이자카야 요리』 등이 있으며, 『남자의 주방, 이자카야 요리』의 영어판 『The Real Japanese Izakaya Cookbook』은 Gourmand World Cookbook Awards 2020에서 상을 받았다.

옮긴이 **용동희**

다양한 분야를 넘나들며 활동하는 푸드디렉터. 메뉴 개발, 제품 분석, 스타일링 등 활발한 활동을 이어가고 있다. 현재 콘텐츠 그룹 CR403에서 요리와 스토리텔링을 담당하고 있으며, 그린쿡과 함께 일본 요리책을 한국에 소개하는 요리 전문 번역가로도 활동하고 있다.

요리에서 중요한 향과 식재료, 어떻게 조합해야 하나?

펴낸이 유재영
펴낸곳 그린쿡
지은이 이치무라 마나
레시피 요코타 와타루
옮긴이 용동희
기 획 이화진
편 집 박선희
디자인 임수미

1판 1쇄 2023년 2월 8일
1판 2쇄 2024년 1월 10일

출판등록 1987년 11월 27일 제10-149
주소 04083 서울 마포구 토정로 53(합정동)
전화 02-324-6130, 324-6131
팩스 02-324-6135
E-메일 dhsbook@hanmail.net
홈페이지 www.donghaksa.co.kr
　　　　　www.green-home.co.kr
페이스북 www.facebook.com/greenhomecook
인스타그램 www.instagram.com/__greencook

ISBN 978-89-7190-847-1 13590

• 이 책은 실로 꿰맨 사철제본으로 튼튼합니다.
• 잘못된 책은 구매처에서 교환하시고, 출판사 교환이 필요할 경우에는 사유를 적어 도서와 함께 위의 주소로 보내주십시오.
• 이 책의 내용과 사진의 저작권 문의는 주식회사 동학사(그린쿡)로 해주십시오.

일본어판 스태프
디자인_ 나스 사에코(ICHIGO DESIGN) / 촬영_ 다카스기 준 / 일러스트_ 요스모토 유키 / 스타일링_ 마쓰키 에미나(CONVEY) / 편집협력_ 야구치 하루미